EUROPA LEHRMITTEL

EUROPA-FACHBUCHREIHE

Ulrich Fischer, Roland Gomeringer, Max Heinzler, Roland Kilgus, Friedrich Näher, Stefan Oesterle, Heinz Paetzold, Andreas Stephan

Formeln für Metallberufe

9. Auflage

Bildbearbeitung:
Zeichenbüro des Verlages Europa-Lehrmittel, Ostfildern

Druck 5 4 3
Alle Drucke derselben Auflage sind parallel einsetzbar, da sie bis auf die Behebung von Druckfehlern untereinander unverändert sind.

http://www.europa-lehrmittel.de

Satz: Satz+Layout Werkstatt Kluth GmbH, 50374 Erftstadt
Druck: Media-Print Informationstechnologie, 33100 Paderborn

Europa-Nr.: 10714 ISBN 978-3-8085-1209-8

VERLAG EUROPA-LEHRMITTEL · Nourney, Vollmer GmbH & Co. KG
Düsselberger Straße 23 · 42781 Haan-Gruiten

Umrechnung von Einheiten

Diese Formelsammlung gibt zu allen Größen einer Formel immer das Formelzeichen und eine Einheit an. Setzt man bei Berechnungen die gegebenen Größen in den vorgeschlagenen Einheiten in die Formel ein, erhält man auch die gesuchte Größe in der angegebenen Einheit.

Beispiel:

Formel für die Leistung $P = F \cdot v$ (Seite 24) mit

P	Leistung	W
F	Kraft	N
v	Geschwindigkeit	m/s

Berechnungsbeispiel: F = 12 kN, v = 300 m/min; P = ? kW

Umrechnung der Einheiten: F = 12 kN = 12000 N
v = 300 m/min = 300 m / 60 s = 5 m/s

Lösung: $\boldsymbol{P} = F \cdot v$ = 12000 N · 5 m/s = **60000 W** = 60 kW

Größe		Einheit		Umrechnung in andere Einheiten
Beispiel	Formelzeichen	Name	Zeichen	
Länge				
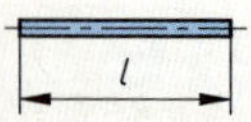	l	Meter	m	1 m = 10 dm = 100 cm = 1000 mm 1 mm = 1000 µm 1 µm = $\frac{1}{1000}$ mm; 1 km = 1000 m
Fläche				
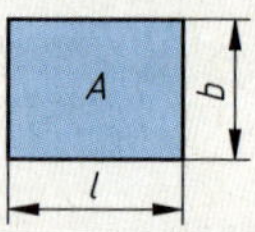	A, S	Quadratmeter	m^2	1 m^2 = 100 dm^2 = 10000 cm^2 = 1000000 mm^2 1 dm^2 = 100 cm^2 = 10000 mm^2 1 cm^2 = 100 mm^2 1 a = 100 m^2 } nur für Grundstücksflächen 1 ha = 10000 m^2 }
Volumen und Hohlmaße				
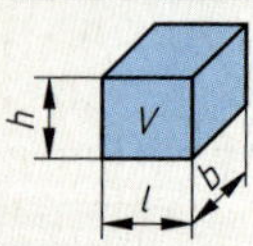	V	Kubikmeter Liter	m^3 l, L	1 m^3 = 1000 dm^3 = 1000000 cm^3 1 dm^3 = 1000 cm^3 1 cm^3 = 1000 mm^3 1 l = 1 L = 1 dm^3 = 0,001 m^3 1 dl = 100 cm^3; 1 ml = 1 cm^3
Winkel (eben)				
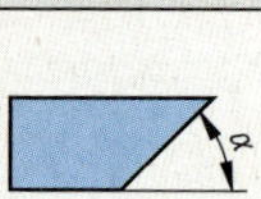	α, β, γ	Grad Minute Sekunde	° ′ ″	1° = 60′ 1′ = $\frac{1°}{60}$ = 60″ = 0,016$\bar{6}$° 1″ = $\frac{1°}{3600}$ = $\frac{1'}{60}$ für Drehbewegungen auch Radiant rad 1 rad = $\frac{180°}{\pi}$ ≈ 57,296°
Zeit				
	t	Sekunde Minute Stunde Tag	s min h d	1 s = $\frac{1}{60}$ min 1 min = 60 s = $\frac{1}{60}$ h 1 h = 60 min = 3600 s 1 d = 24 h
Drehzahl, Drehfrequenz				
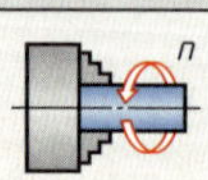	n	1 pro Sekunde 1 pro Minute	1/s 1/min	1/s = 60/min = 60 min^{-1} 1/min = 1 min^{-1} = $\frac{1}{60\ s}$

Umrechnung von Einheiten

Größe: Beispiel	Größe: Formelzeichen	Einheit: Name	Einheit: Zeichen	Umrechnung in andere Einheiten
Geschwindigkeit				
	v	Meter pro Sekunde Meter pro Minute Kilometer pro Stunde	m/s m/min km/h	1 m/s = 60 m/min = 3,6 km/h $1\ \text{m/min} = \frac{1}{60}\ \frac{\text{m}}{\text{s}} = 0{,}0167\ \frac{\text{m}}{\text{s}}$ $1\ \text{km/h} = \frac{1}{3{,}6}\ \frac{\text{m}}{\text{s}} = 0{,}278\ \frac{\text{m}}{\text{s}}$
Winkelgeschwindigkeit				
	ω	1 pro Sekunde	$\frac{1}{\text{s}}$	$\frac{1}{\text{s}} = 1\ \frac{\text{rad}}{\text{s}} \approx \frac{57{,}296°}{\text{s}}$
Masse				
	m	Kilogramm Gramm Tonne	kg g t	1 kg = 1000 g 1 g = 1000 mg 1 t = 1000 kg = 1 Mg
Dichte				
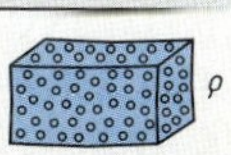	ϱ	Kilogramm pro Meter hoch drei	kg/m³	$1\ \text{t/m}^3 = 1\ \text{kg/dm}^3 = 1\ \text{g/cm}^3 = 1\ \text{mg/mm}^3$ bei Gasen: $1\ \text{kg/m}^3 = 1\ \text{g/dm}^3$
Kraft, Gewichtskraft				
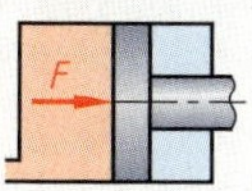	F, G, F_G	Newton	N	$1\ \text{N} = 1\ \frac{\text{kg} \cdot \text{m}}{\text{s}^2}$ 1 daN = 10 N $1\ \text{kN} = 1000\ \text{N} = 10^3\ \text{N}$ $1\ \text{MN} = 10^3\ \text{kN} = 1\,000\,000\ \text{N} = 10^6\ \text{N}$
Druck, mechanische Spannung				
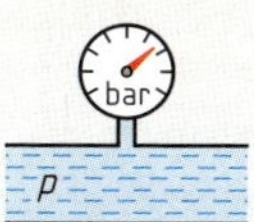	p σ, τ	Pascal Bar Newton pro Meter hoch zwei	Pa bar N/m²	$1\ \text{Pa} = 1\ \text{N/m}^2 = 0{,}01\ \text{mbar}$ $1\ \text{bar} = 100\,000\ \text{N/m}^2 = 10^5\ \text{Pa}$ $1\ \text{bar} = 10\ \text{N/cm}^2 = 1\ \text{daN/cm}^2 = 0{,}1\ \text{N/mm}^2$ 1 mbar = 100 Pa = 1 hPa $1\ \text{N/mm}^2 = 100\ \text{N/cm}^2 = 1\,000\,000\ \text{N/m}^2 = 1\ \text{MPa}$ $1\ \text{N/mm}^2 = 10\ \text{bar}$
Arbeit, Energie, Wärmemenge				
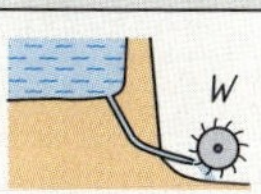	W, E, Q	Joule	J	$1\ \text{J} = 1\ \text{N} \cdot \text{m} = 1\ \text{W} \cdot \text{s} = 1\ \frac{\text{kg} \cdot \text{m}^2}{\text{s}^2}$ $1\ \text{kW} \cdot \text{h} = 3\,600\,000\ \text{W} \cdot \text{s}$ $1\ \text{kW} \cdot \text{h} = 3600\ \text{kJ} = 3{,}6 \cdot 10^6\ \text{J} = 3{,}6\ \text{MJ}$
Leistung, Wärmestrom				
	P, Φ	Watt	W	$1\ \text{W} = 1\ \text{J/s} = 1\ \frac{\text{N} \cdot \text{m}}{\text{s}} = 1\ \frac{\text{kg} \cdot \text{m}^2}{\text{s}^3}$ $1\ \text{W} = 1\ \text{V} \cdot \text{A}$ $1\ \text{kW} = 1000\ \text{W} = 1\ \text{kJ/s} = 1\ \frac{\text{kN} \cdot \text{m}}{\text{s}}$ (= 1,36 PS) $1\ \text{MW} = 1\,000\,000\ \text{W} = 10^6\ \text{W}$ $1\ \text{PS} = \frac{1}{1{,}36}\ \text{kW} = 0{,}736\ \text{kW}$

Winkelfunktionen, Winkelsumme im Dreieck, Strahlensatz

Winkelfunktionen im rechtwinkligen Dreieck

Bezeichnungen im rechtwinkligen Dreieck

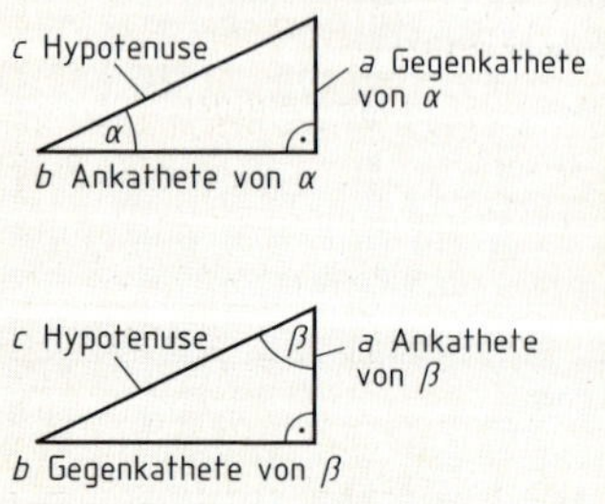

Bezeichnungen der Seitenverhältnisse	Anwendung für ∢ α	für ∢ β
Sinus = $\frac{\text{Gegenkathete}}{\text{Hypotenuse}}$	$\sin\alpha = \frac{a}{c}$	$\sin\beta = \frac{b}{c}$
Kosinus = $\frac{\text{Ankathete}}{\text{Hypotenuse}}$	$\cos\alpha = \frac{b}{c}$	$\cos\beta = \frac{a}{c}$
Tangens = $\frac{\text{Gegenkathete}}{\text{Ankathete}}$	$\tan\alpha = \frac{a}{b}$	$\tan\beta = \frac{b}{a}$
Kotangens = $\frac{\text{Ankathete}}{\text{Gegenkathete}}$	$\cot\alpha = \frac{b}{a}$	$\cot\beta = \frac{a}{b}$

Tabellen der Funktionswerte auf den Seiten 47 und 48

Beziehungen zwischen den Funktionen eines Winkels

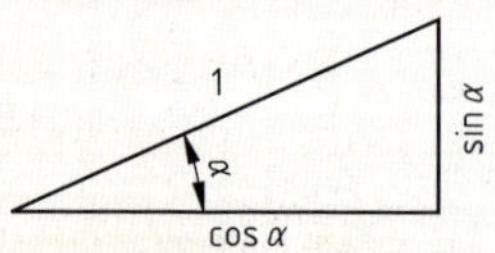

$\sin^2\alpha + \cos^2\alpha = 1$	$\tan\alpha \cdot \cot\alpha = 1$
$\tan\alpha = \frac{\sin\alpha}{\cos\alpha}$	$\cot\alpha = \frac{\cos\alpha}{\sin\alpha}$

Winkelfunktionen im schiefwinkligen Dreieck

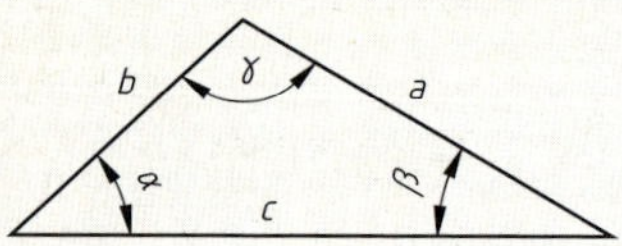

Sinussatz	Kosinussatz
$a : b : c = \sin\alpha : \sin\beta : \sin\gamma$	$a^2 = b^2 + c^2 - 2 \cdot b \cdot c \cdot \cos\alpha$
$\frac{a}{\sin\alpha} = \frac{b}{\sin\beta} = \frac{c}{\sin\gamma}$	$b^2 = a^2 + c^2 - 2 \cdot a \cdot c \cdot \cos\beta$
	$c^2 = a^2 + b^2 - 2 \cdot a \cdot b \cdot \cos\gamma$

Winkelsumme im Dreieck

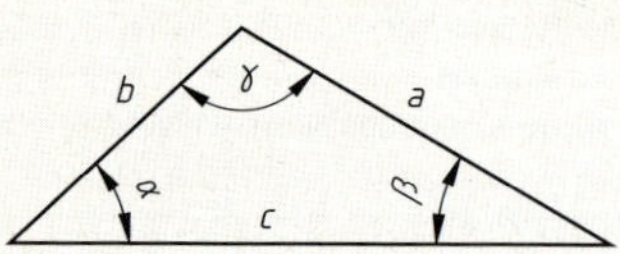

In jedem Dreieck ist die Summe der Innenwinkel gleich 180°.

Winkelsumme im Dreieck

$$\alpha + \beta + \gamma = 180°$$

Strahlensatz

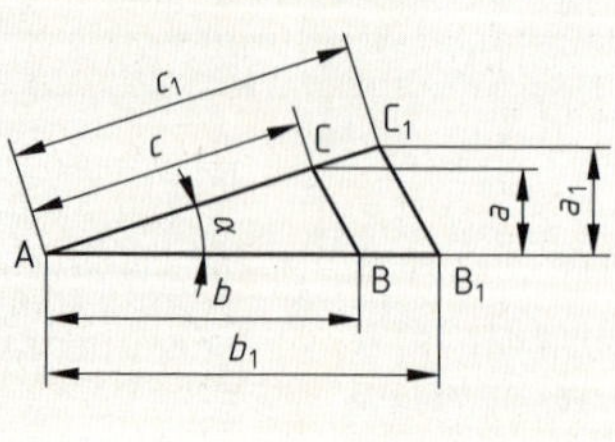

Werden zwei vom Punkt A ausgehende Strahlen von zwei Parallelen BC und B_1C_1 geschnitten, bilden die Abschnitte der Parallelen und die zugehörigen Strahlenabschnitte gleiche Verhältnisse.

Strahlensatz

$$\frac{a}{a_1} = \frac{b}{b_1} = \frac{c}{c_1}$$

$$\frac{a}{b} = \frac{a_1}{b_1} \qquad \frac{b}{c} = \frac{b_1}{c_1}$$

Berechnungen am rechtwinkligen Dreieck

Lehrsatz des Pythagoras

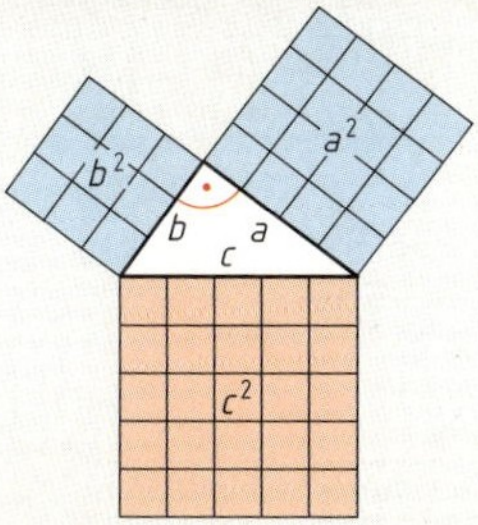

Im **rechtwinkligen Dreieck** ist das Hypotenusenquadrat flächengleich der Summe der beiden Kathetenquadrate.

a	Kathete	mm
b	Kathete	mm
c	Hypotenuse	mm

Satz des Pythagoras

$$c^2 = a^2 + b^2$$

Seitenlängen

$$c = \sqrt{a^2 + b^2}$$

$$a = \sqrt{c^2 - b^2}$$

$$b = \sqrt{c^2 - a^2}$$

Höhe im gleichseitigen Dreieck

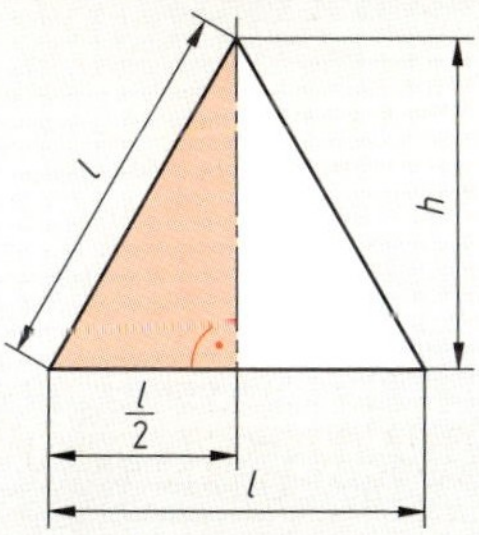

Im **gleichseitigen Dreieck** ergibt sich für die Höhe nach dem Lehrsatz des Pythagoras:

h	Höhe	mm
A	Fläche	mm^2
l	Seitenlänge	mm

Höhe

$$h = \frac{1}{2} \cdot \sqrt{3} \cdot l$$

Fläche

$$A = \frac{1}{4} \cdot \sqrt{3} \cdot l^2$$

Lehrsatz des Euklid (Kathetensatz)

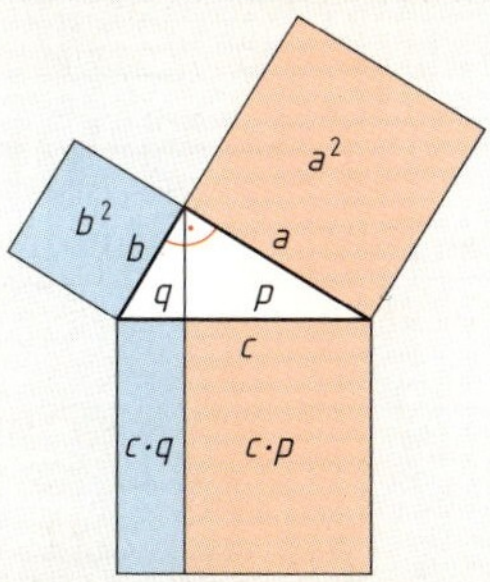

Im **rechtwinkligen Dreieck** ist das Quadrat über einer Kathete flächengleich einem Rechteck aus der Hypotenuse und dem anliegenden Hypotenusenabschnitt.

a, b	Kathete	mm
c	Hypotenuse	mm
p, q	Hypotenusenabschnitte	mm

Kathetensatz

$$b^2 = c \cdot q$$

$$a^2 = c \cdot p$$

$$b = \sqrt{c \cdot q}$$

$$a = \sqrt{c \cdot p}$$

$$p = \frac{a^2}{c}$$

Höhensatz

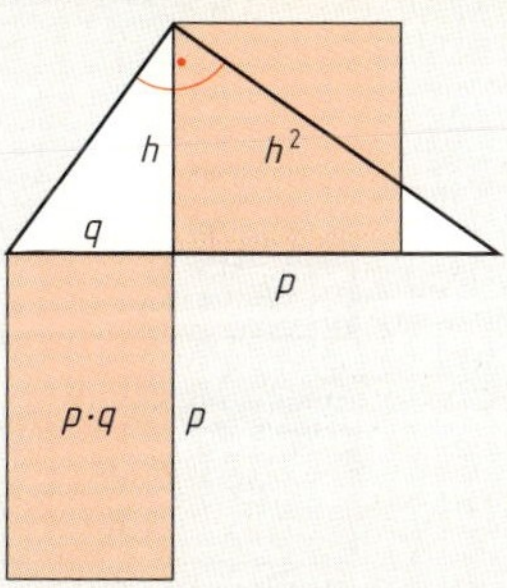

Im **rechtwinkligen Dreieck** ist das Quadrat über der Höhe h flächengleich dem Rechteck aus den Hypotenusenabschnitten p und q.

h	Höhe	mm
p, q	Hypotenusenabschnitte	mm

Höhensatz

$$h^2 = p \cdot q$$

$$h = \sqrt{p \cdot q}$$

$$p = \frac{h^2}{q}$$

$$q = \frac{h^2}{p}$$

Schlussrechnung, Prozentrechnung, Zinsrechnung

Schlussrechnung

Dreisatz für direkt proportionale Verhältnisse

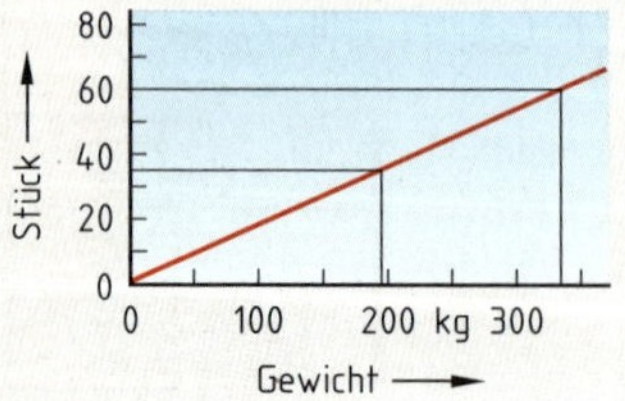

Beispiel:

60 Rohrkrümmer wiegen 330 kg. Wie groß ist das Gewicht von 35 Rohrkrümmern?

1. Satz: Behauptung — 60 Rohrkrümmer wiegen 330 kg

2. Satz: Berechnung der Einheit: durch Dividieren

1 Rohrkrümmer wiegt $\frac{330\ \text{kg}}{60}$

3. Satz: Berechnung der Mehrheit: durch Multiplizieren

35 Rohrkrümmer wiegen $\frac{330\ \text{kg} \cdot 35}{60} = \mathbf{192{,}5\ kg}$

Dreisatz für indirekt proportionale Verhältnisse

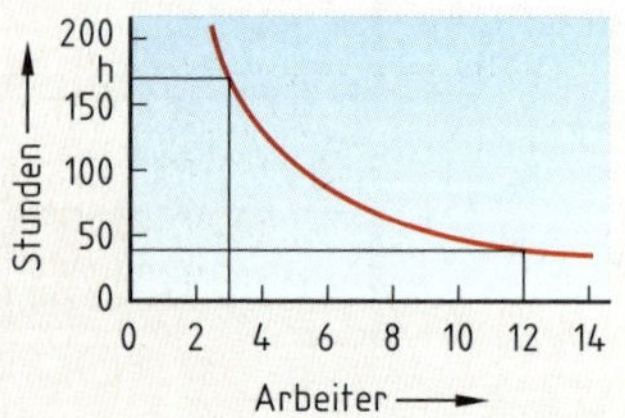

Beispiel:

3 Arbeiter benötigen für einen Auftrag 170 Stunden. Wie viele Stunden benötigen 12 Arbeiter für den gleichen Auftrag?

1. Satz: Behauptung — 3 Arbeiter benötigen 170 Stunden

2. Satz: Berechnung der Einheit: durch Multiplizieren

1 Arbeiter benötigt $3 \cdot 170$ h

3. Satz: Berechnung der Mehrheit: durch Dividieren

12 Arbeiter benötigen $\frac{3 \cdot 170\ \text{h}}{12} = \mathbf{42{,}5\ h}$

Prozentrechnung

Der **Prozentsatz** gibt an, wie viel Prozent gerechnet werden sollen.
Der **Grundwert** ist der Wert, von dem die Prozente zu rechnen sind.
Der **Prozentwert** ist der Betrag, den die Prozente des Grundwertes ergeben.

P_s	Prozentsatz, Prozent	%
P_w	Prozentwert	–
G_w	Grundwert	–

Prozentwert

$$P_w = \frac{G_w \cdot P_s}{100\,\%}$$

Zinsrechnung

K_0	Anfangskapital	EUR (€)
K_t	Endkapital	EUR (€)
Z	Zinsen	EUR (€)
p	Zinssatz pro Jahr	%/a
t	Laufzeit in Tagen, Verzinsungszeit	d

1 Zinsjahr (1 a) = 360 Tage (360 d)
360 d = 12 Monate
1 Zinsmonat = 30 Tage

Zins

$$Z = \frac{K_0 \cdot p \cdot t}{100\,\% \cdot 360}$$

Zinseszinsrechnung bei Einmalzahlung

K_0	Anfangskapital	EUR (€)
K_n	Endkapital	EUR (€)
Z	Zinsen	EUR (€)
n	Laufzeit in Jahren	a
q	Aufzinsungsfaktor	–
p	Zinssatz pro Jahr	%

Endkapital

$$K_n = K_0 \cdot q^n$$

Aufzinsungsfaktor

$$q = 1 + \frac{p}{100\,\%}$$

Längen

Teilung von Längen

Randabstand = Teilung

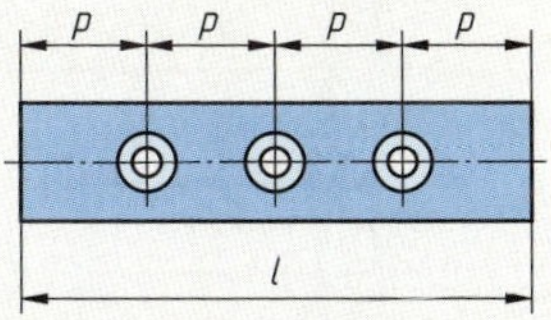

l	Gesamtlänge	mm
p	Teilung	mm
n	Anzahl der Bohrungen, Sägeschnitte ...	–

Teilung

$$p = \frac{l}{n+1}$$

$$l = p \cdot (n+1)$$

Randabstand ≠ Teilung

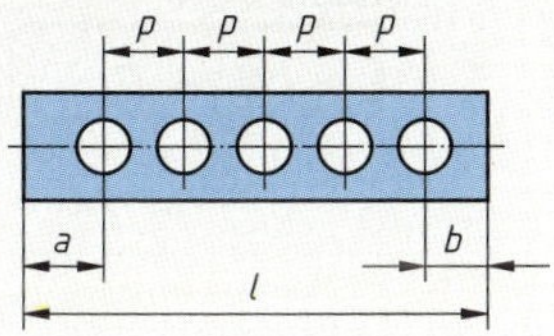

l	Gesamtlänge	mm
p	Teilung	mm
n	Anzahl der Bohrungen, Sägeschnitte ...	–
a, b	Randabstände	mm

Teilung

$$p = \frac{l-(a+b)}{n-1}$$

$$l = p \cdot (n-1) + a + b$$

$$n = \frac{l-(a+b)}{p} + 1$$

Trennen von Teilstücken

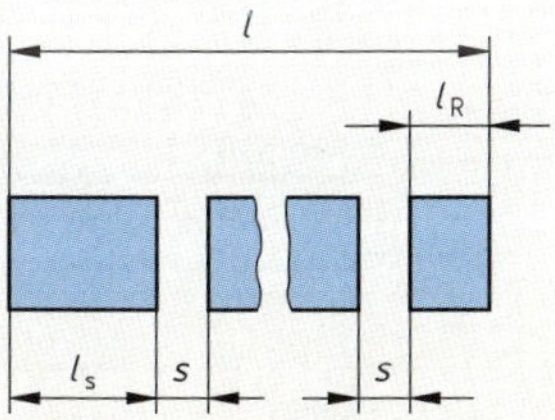

l	Stablänge	mm
l_s	Länge eines Teiles	mm
z	Anzahl der Teile	–
s	Breite der Sägeschnitte	mm
l_R	Restlänge	mm

Anzahl der Teile

$$z = \frac{l}{l_s + s}$$

$$l = z \cdot (l_s + s)$$

Restlänge

$$l_R = l - z \cdot (l_s + s)$$

Gestreckte Länge kreisförmiger Bauteile

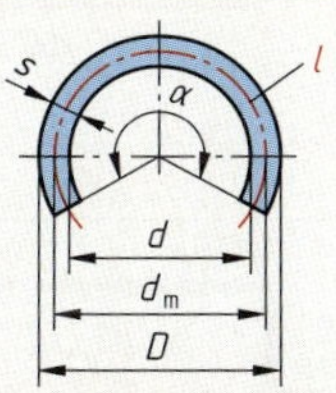

l	gestreckte Länge	mm
d	Innendurchmesser	mm
d_m	mittlerer Durchmesser	mm
D	Außendurchmesser	mm
α	Mittelpunktswinkel	°

Gestreckte Länge

$$l = \frac{\pi \cdot d_m \cdot \alpha}{360°}$$

$$d_m = \frac{D+d}{2}$$

Rohlänge von Schmiede- und Pressstücken

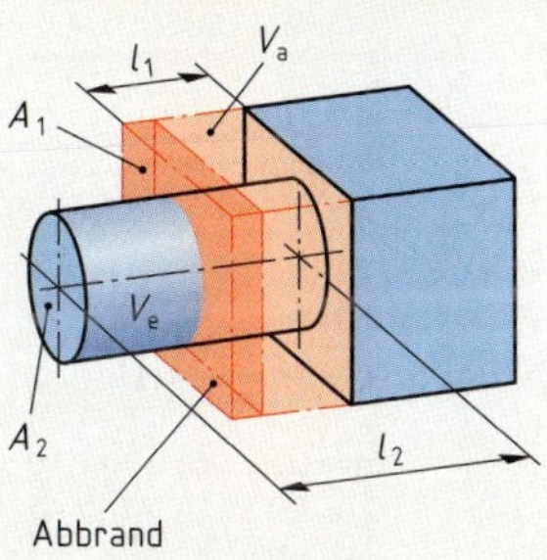

V_a	Volumen des Rohteiles	mm^3
V_e	Volumen des Fertigteiles	mm^3
A_1	Querschnittsfläche des Rohteiles	mm^2
A_2	Querschnittsfläche des Fertigteiles	mm^2
l_1	Ausgangslänge der Zugabe	mm
l_2	Länge des angeschmiedeten Teiles	mm
q	Zuschlagsfaktor für Abbrand oder Gratverluste	–

Volumen ohne Abbrand

$$V_a = V_e$$

Volumen mit Abbrand

$$V_a = V_e + q \cdot V_e$$

$$V_a = V_e \cdot (1 + q)$$

$$A_1 \cdot l_1 = A_2 \cdot l_2 \cdot (1 + q)$$

Flächen

Quadrat

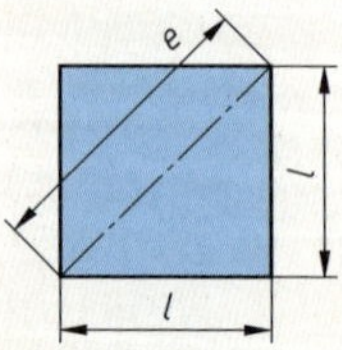

A	Fläche	mm^2
l	Seitenlänge	mm
e	Eckenmaß	mm

Fläche

$$A = l^2$$

$$l = \sqrt{A}$$

Eckenmaß

$$e = \sqrt{2} \cdot l$$

Rhombus (Raute)

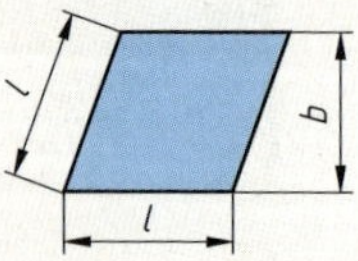

A	Fläche	mm^2
l	Seitenlänge	mm
b	Breite	mm

Fläche

$$A = l \cdot b$$

$$l = \frac{A}{b}$$

Rechteck

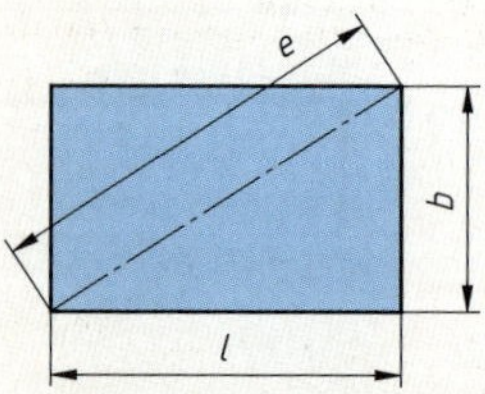

A	Fläche	mm^2
l	Länge	mm
b	Breite	mm
e	Eckenmaß	mm

Fläche

$$A = l \cdot b$$

$$l = \frac{A}{b}$$

Eckenmaß

$$e = \sqrt{l^2 + b^2}$$

Rhomboid (Parallelogramm)

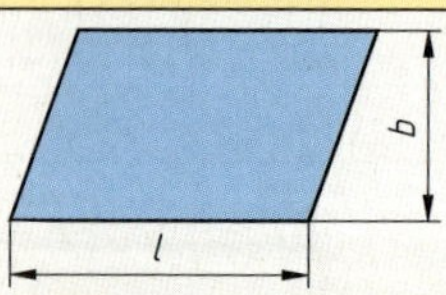

A	Fläche	mm^2
l	Länge	mm
b	Breite	mm

Fläche

$$A = l \cdot b$$

$$l = \frac{A}{b}$$

Trapez

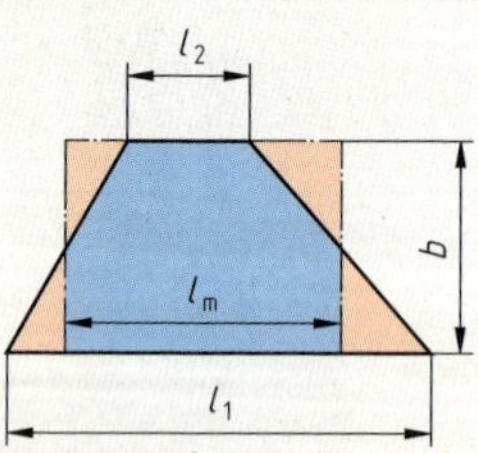

A	Fläche	mm^2
l_1	große Länge	mm
l_2	kleine Länge	mm
l_m	mittlere Länge	mm
b	Breite	mm

Fläche

$$A = \frac{l_1 + l_2}{2} \cdot b$$

$$A = l_m \cdot b$$

Mittlere Länge

$$l_m = \frac{l_1 + l_2}{2}$$

Dreieck

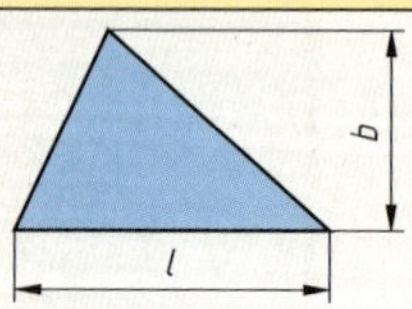

A	Fläche	mm^2
l	Seitenlänge	mm
b	Breite	mm

Fläche

$$A = \frac{l \cdot b}{2}$$

$$l = \frac{2 \cdot A}{b} \qquad b = \frac{2 \cdot A}{l}$$

Flächen

Gleichseitiges Dreieck

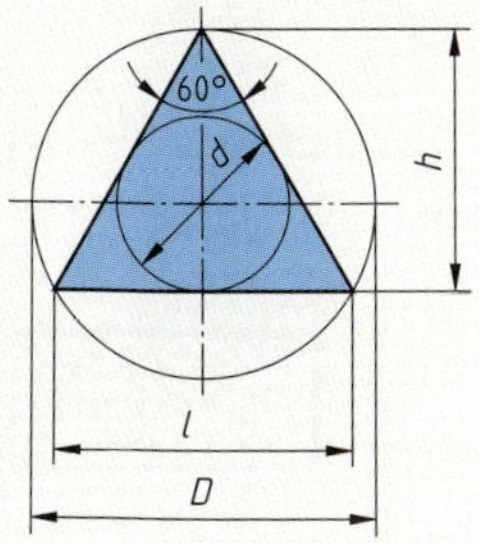

A	Fläche	mm^2
l	Seitenlänge	mm
D	Durchmesser des Umkreises	mm
d	Durchmesser des Inkreises	mm
h	Höhe	mm

Durchmesser des Umkreises

$$D = \frac{2}{3} \cdot \sqrt{3} \cdot l = 2 \cdot d$$

Fläche

$$A = \frac{1}{4} \cdot \sqrt{3} \cdot l^2$$

Durchmesser des Inkreises

$$d = \frac{1}{3} \cdot \sqrt{3} \cdot l = \frac{D}{2}$$

Höhe

$$h = \frac{1}{2} \cdot \sqrt{3} \cdot l$$

Regelmäßiges Vieleck

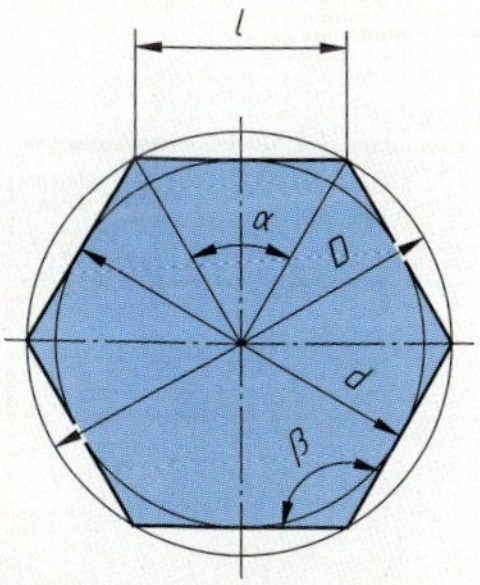

A	Fläche	mm^2
l	Seitenlänge	mm
D	Durchmesser des Umkreises	mm
d	Durchmesser des Inkreises	mm
n	Eckenzahl	–
α	Mittelpunktswinkel	°
β	Eckenwinkel	°

Mittelpunktswinkel

$$\alpha = \frac{360°}{n}$$

Fläche

$$A = \frac{n \cdot l \cdot d}{4}$$

Eckenwinkel

$$\beta = 180° - \alpha$$

Seitenlänge

$$l = D \cdot \sin\left(\frac{180°}{n}\right)$$

Durchmesser des Inkreises

$$d = \sqrt{D^2 - l^2}$$

Kreis

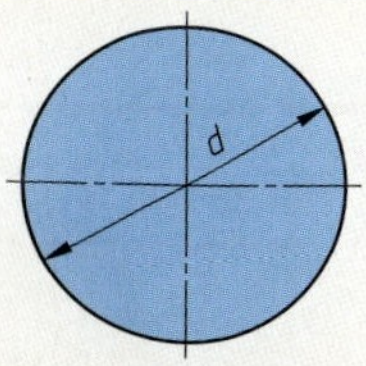

A	Fläche	mm^2
d	Durchmesser	mm
U	Umfang	mm

Umfang

$$U = \pi \cdot d$$

$$d = \frac{U}{\pi}$$

Fläche

$$A = \frac{\pi \cdot d^2}{4}$$

$$d = \sqrt{\frac{4 \cdot A}{\pi}}$$

Kreisausschnitt

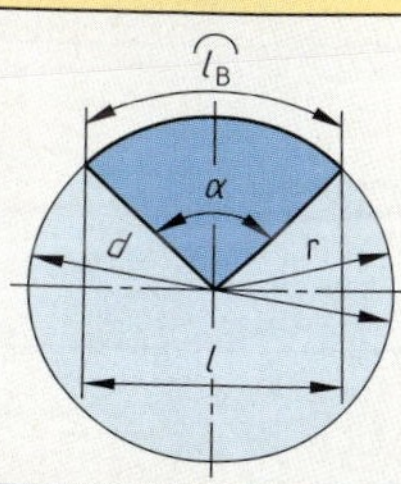

A	Fläche	mm^2
d	Durchmesser	mm
l_B	Bogenlänge	mm
l	Sehnenlänge	mm
r	Radius	mm
α	Mittelpunktswinkel	°

Sehnenlänge

$$l = 2 \cdot r \cdot \sin\frac{\alpha}{2}$$

Bogenlänge

$$l_B = \frac{\pi \cdot r \cdot \alpha}{180°}$$

Fläche

$$A = \frac{\pi \cdot d^2}{4} \cdot \frac{\alpha}{360°}$$

$$A = \frac{l_B \cdot r}{2}$$

Flächen

Kreisabschnitt

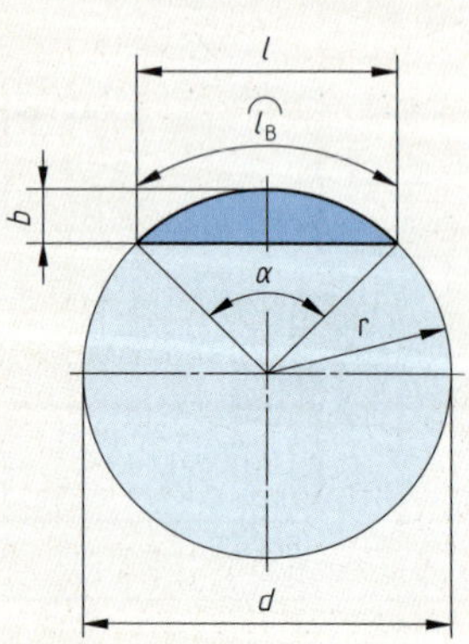

A	Fläche	mm^2
d	Durchmesser	mm
r	Radius	mm
l_B	Bogenlänge	mm
l	Sehnenlänge	mm
b	Breite	mm
α	Mittelpunktswinkel	°

Fläche

$$A = \frac{\pi \cdot d^2}{4} \cdot \frac{\alpha}{360°} - \frac{l \cdot (r-b)}{2}$$

$$A = \frac{l_B \cdot r - l \cdot (r-b)}{2}$$

Bogenlänge

$$l_B = \frac{\pi \cdot r \cdot \alpha}{180°}$$

Breite

$$b = \frac{l}{2} \cdot \tan\frac{\alpha}{4}$$

$$b = r - \sqrt{r^2 - \frac{l^2}{4}}$$

Sehnenlänge

$$l = 2 \cdot r \cdot \sin\frac{\alpha}{2}$$

$$l = 2 \cdot \sqrt{b \cdot (2 \cdot r - b)}$$

Radius

$$r = \frac{b}{2} + \frac{l^2}{8 \cdot b}$$

Kreisring

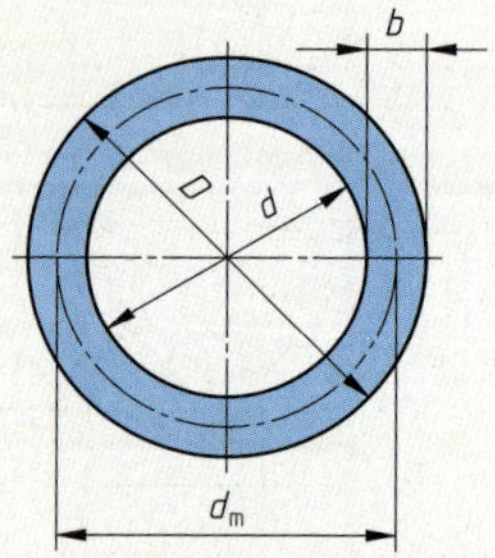

A	Fläche	mm^2
D	Außendurchmesser	mm
d	Innendurchmesser	mm
d_m	mittlerer Durchmesser	mm
b	Breite	mm

Fläche

$$A = \pi \cdot d_m \cdot b$$

$$A = \frac{\pi}{4} \cdot (D^2 - d^2)$$

$$D = \sqrt{\frac{4 \cdot A}{\pi} + d^2}$$

Kreisringausschnitt

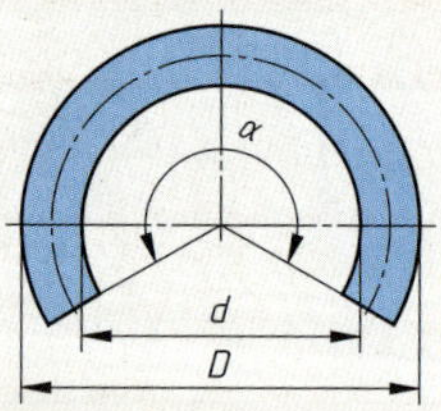

A	Fläche	mm^2
D	Außendurchmesser	mm
d	Innendurchmesser	mm
α	Mittelpunktswinkel	°

Fläche

$$A = \frac{\pi \cdot \alpha}{4 \cdot 360°} \cdot (D^2 - d^2)$$

Zusammengesetzte Flächen

Beispiel: 3 Teilflächen

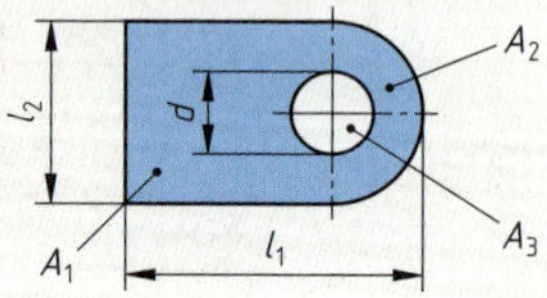

Die Gesamtfläche erhält man durch Addieren bzw. Subtrahieren der Teilflächen.

A	Gesamtfläche	mm^2
A_1, A_2, A_3	Teilflächen	mm^2
l_1, l_2	Längen	mm
d	Durchmesser	mm

Gesamtfläche

$$A = A_1 + A_2 - A_3$$

Volumen, Oberfläche

Würfel

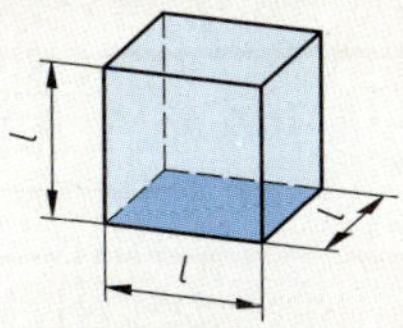

V	Volumen	mm^3
A_O	Oberfläche	mm^2
l	Seitenlänge	mm

Volumen

$$V = l^3$$

$$l = \sqrt[3]{V}$$

Oberfläche

$$A_O = 6 \cdot l^2$$

$$l = \sqrt{\frac{A_O}{6}}$$

Vierkantprisma, Quader

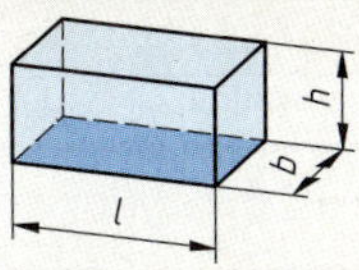

V	Volumen	mm^3
A_O	Oberfläche	mm^2
l	Seitenlänge	mm
h	Höhe	mm
b	Breite	mm

Volumen

$$V = l \cdot b \cdot h$$

Oberfläche

$$A_O = 2 \cdot (l \cdot b + l \cdot h + b \cdot h)$$

Zylinder

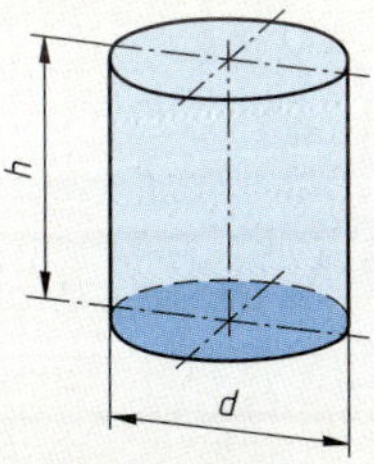

V	Volumen	mm^3
A_O	Oberfläche	mm^2
A_M	Mantelfläche	mm^2
d	Durchmesser	mm
h	Höhe	mm

Volumen

$$V = \frac{\pi \cdot d^2}{4} \cdot h$$

Mantelfläche

$$A_M = \pi \cdot d \cdot h$$

Oberfläche

$$A_O = \pi \cdot d \cdot h + 2 \cdot \frac{\pi \cdot d^2}{4}$$

Hohlzylinder

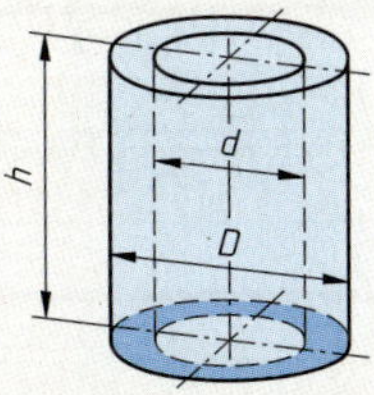

V	Volumen	mm^3
A_O	Oberfläche	mm^2
D, d	Durchmesser	mm
h	Höhe	mm

Volumen

$$V = \frac{\pi \cdot h}{4} \cdot (D^2 - d^2)$$

Oberfläche

$$A_O = \pi \cdot (D + d) \cdot \left[\frac{1}{2} \cdot (D - d) + h\right]$$

Pyramide

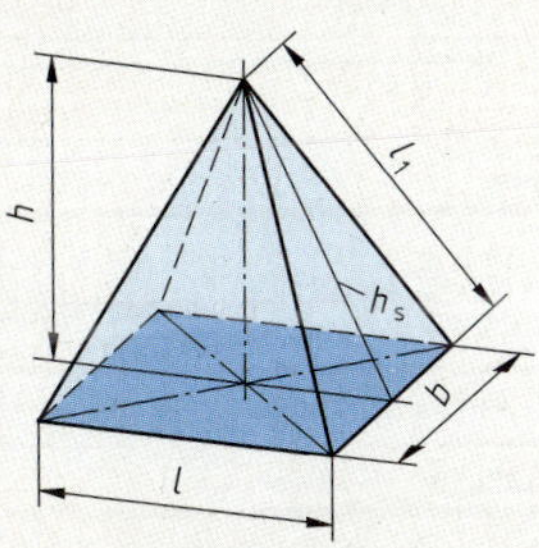

V	Volumen	mm^3
h	Höhe	mm
h_s	Mantelhöhe	mm
l	Seitenlänge	mm
l_1	Kantenlänge	mm
b	Breite	mm

Volumen

$$V = \frac{l \cdot b \cdot h}{3}$$

Kantenlänge

$$l_1 = \sqrt{h_s^2 + \frac{b^2}{4}}$$

Mantelhöhe

$$h_s = \sqrt{h^2 + \frac{l^2}{4}}$$

Volumen, Oberfläche

Pyramidenstumpf

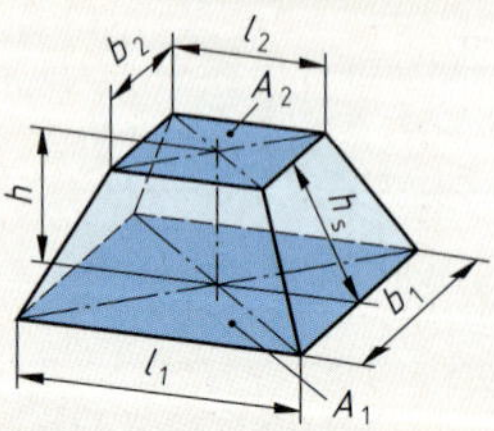

V	Volumen	mm^3
A_1	Grundfläche	mm^2
A_2	Deckfläche	mm^2
h	Höhe	mm
h_s	Mantelhöhe	mm
l_1, l_2	Seitenlänge	mm
b_1, b_2	Breite	mm

Volumen

$$V = \frac{h}{3} \cdot (A_1 + A_2 + \sqrt{A_1 \cdot A_2})$$

Mantelhöhe

$$h_s = \sqrt{h^2 + \left(\frac{l_1 - l_2}{2}\right)^2}$$

Kegel

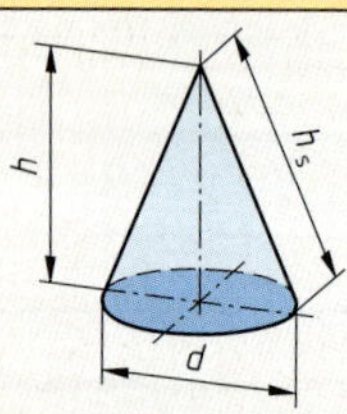

V	Volumen	mm^3
A_M	Mantelfläche	mm^2
d	Durchmesser	mm
h	Höhe	mm
h_s	Mantelhöhe	mm

Volumen

$$V = \frac{\pi \cdot d^2}{4} \cdot \frac{h}{3}$$

Mantelfläche

$$A_M = \frac{\pi \cdot d \cdot h_s}{2}$$

Mantelhöhe

$$h_s = \sqrt{\frac{d^2}{4} + h^2}$$

Kegelstumpf

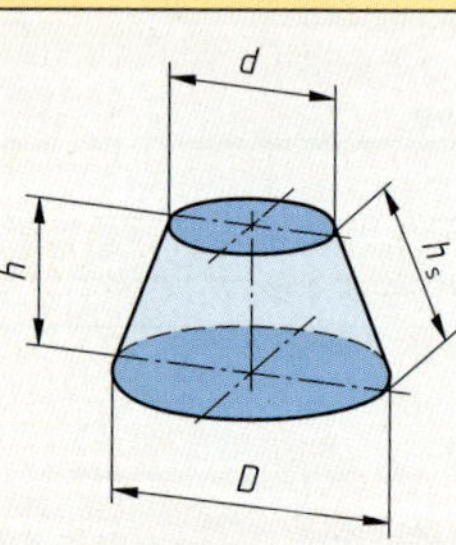

V	Volumen	mm^3
A_M	Mantelfläche	mm^2
D	großer Durchmesser	mm
d	kleiner Durchmesser	mm
h	Höhe	mm
h_s	Mantelhöhe	mm

Volumen

$$V = \frac{\pi \cdot h}{12} \cdot (D^2 + d^2 + D \cdot d)$$

Mantelfläche

$$A_M = \frac{\pi \cdot h_s}{2} \cdot (D + d)$$

Mantelhöhe

$$h_s = \sqrt{h^2 + \left(\frac{D-d}{2}\right)^2}$$

Kugel

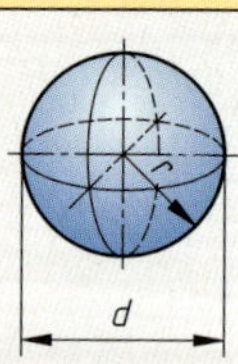

V	Volumen	mm^3
A_O	Oberfläche	mm^2
d	Kugeldurchmesser	mm

Volumen

$$V = \frac{\pi \cdot d^3}{6}$$

Oberfläche

$$A_O = \pi \cdot d^2$$

Kugelabschnitt

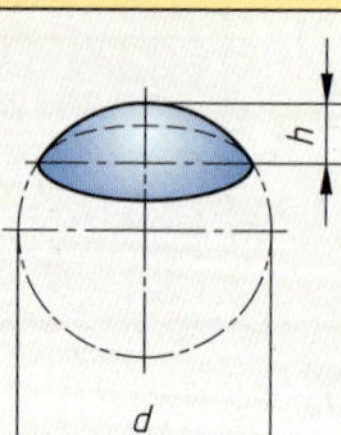

V	Volumen	mm^3
A_M	Mantelfläche	mm^2
A_O	Oberfläche	mm^2
d	Kugeldurchmesser	mm
d_1	kleiner Durchmesser	mm
h	Höhe	mm

Volumen

$$V = \pi \cdot h^2 \cdot \left(\frac{d}{2} - \frac{h}{3}\right)$$

Oberfläche

$$A_O = \pi \cdot h \cdot (2 \cdot d - h)$$

Mantelfläche

$$A_M = \pi \cdot d \cdot h$$

Volumen, Masse

Volumen zusammengesetzter Körper

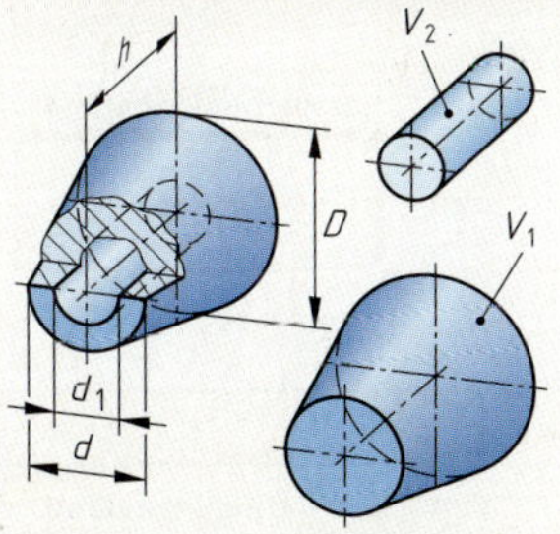

Zusammengesetzte Körper werden zur Berechnung des Gesamtvolumens in Teilvolumen zerlegt.

V	Gesamtvolumen	mm^3
V_1, V_2, V_3 ...	Teilvolumen	mm^3

Gesamtvolumen

$$V = V_1 + V_2 + \ldots - V_3 - V_4$$

Masse, allgemein

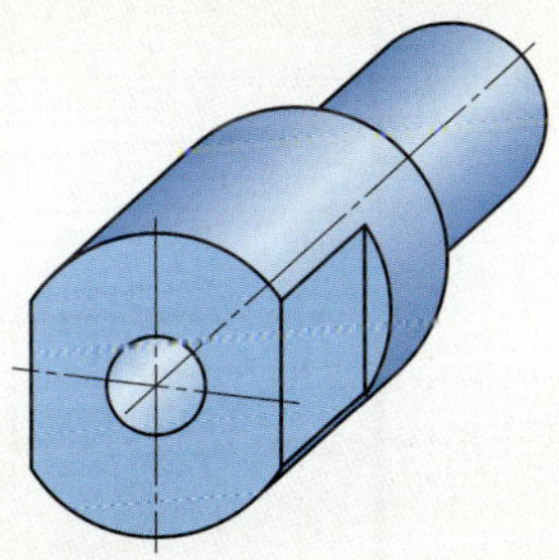

Die Masse eines Körpers wird aus seinem Volumen und seiner Dichte berechnet.

m	Masse	kg
V	Volumen	dm^3
ϱ	Dichte	kg/dm^3

Umrechnung der Einheiten:

$$1\,\frac{t}{m^3} = \mathbf{1}\,\frac{\mathbf{kg}}{\mathbf{dm^3}} = 1\,\frac{g}{cm^3} = 1\,\frac{mg}{mm^3}$$

Werte für die Dichte siehe Tabellenbuch.

Masse

$$m = V \cdot \varrho$$

$$V = \frac{m}{\varrho}$$

Längenbezogene Masse

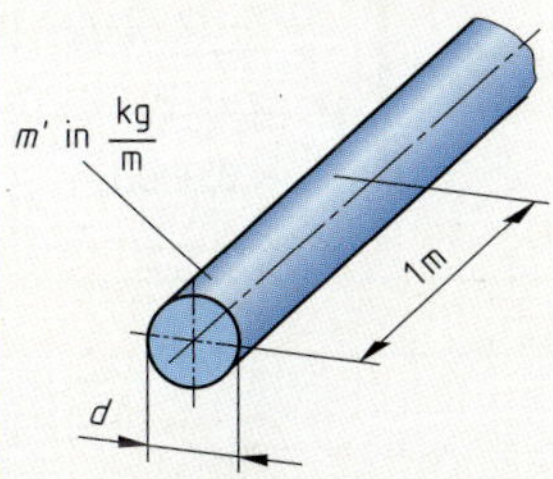

Die Masse von Profilen, Rohren oder Drähten kann auch mit Hilfe von Tabellenwerten für die längenbezogene Masse m' berechnet werden.

m	Masse	kg
m'	längenbezogene Masse	kg/m
l	Länge	m

Werte für die längenbezogene Masse m' siehe Tabellenbuch.

Masse

$$m = m' \cdot l$$

$$m' = \frac{m}{l}$$

Flächenbezogene Masse

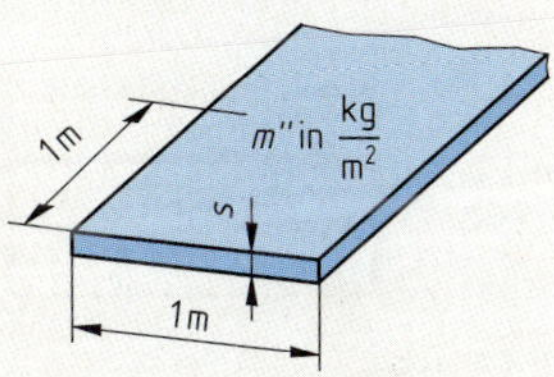

Die Masse von Blechen, Folien oder Belägen kann auch mit Hilfe von Tabellenwerten für die flächenbezogene Masse m" berechnet werden.

m	Masse	kg
m''	flächenbezogene Masse	kg/m^2
A	Fläche	m^2

Werte für die flächenbezogene Masse m" siehe Tabellenbuch.

Masse

$$m = m'' \cdot A$$

$$m'' = \frac{m}{A}$$

Linienschwerpunkt

Strecke

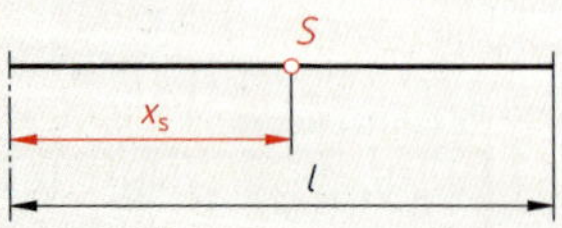

x_s	Schwerpunktabstand	mm
l	Länge	mm
S	Schwerpunkt der Strecke	–

Schwerpunktabstand

$$x_s = \frac{l}{2}$$

Kreisbogen

y_s	Schwerpunktabstand	mm
l	Sehnenlänge	mm
l_B	Bogenlänge	mm
r	Radius	mm
α	Mittelpunktswinkel	°

Schwerpunktabstand, allgemein

$$y_s = \frac{r \cdot l}{l_B}$$

$$y_s = \frac{l \cdot 180°}{\pi \cdot \alpha}$$

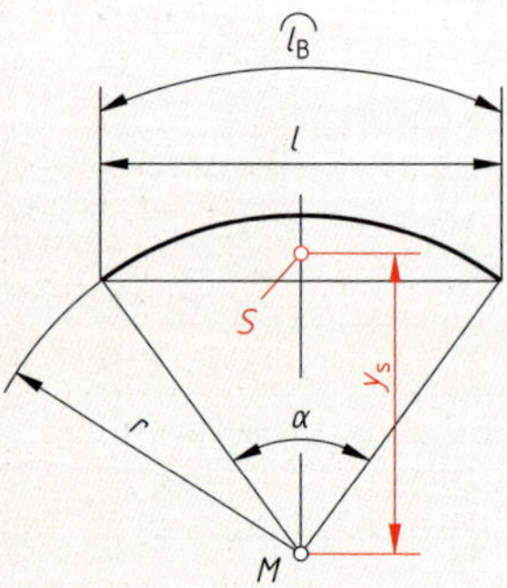

Sehnenlänge

$$l = 2 \cdot r \cdot \sin\frac{\alpha}{2}$$

Bogenlänge

$$l_B = \frac{\pi \cdot r \cdot \alpha}{180°}$$

Halbkreisbogen

$$y_s = \frac{2 \cdot r}{\pi}$$

$$y_s \approx 0{,}6366 \cdot r$$

Viertelkreisbogen

$$y_s = \frac{\sqrt{2} \cdot 2 \cdot r}{\pi}$$

$$y_s \approx 0{,}9003 \cdot r$$

Zusammengesetzter Linienzug

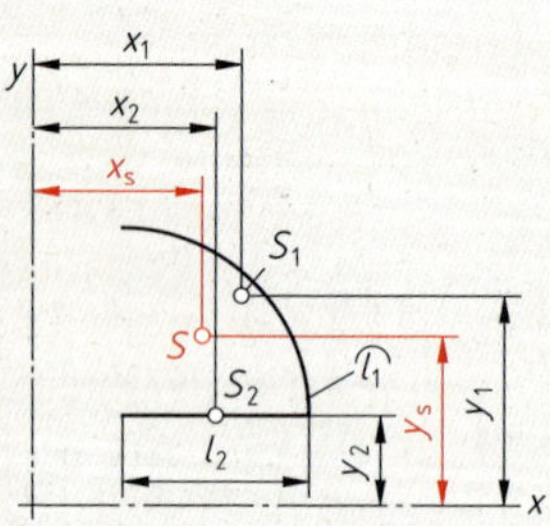

y_s	Schwerpunktabstand	mm
y_1, y_2 ...	Abstände in Y-Richtung	mm
x_s	Schwerpunktabstand	mm
x_1, x_2 ...	Abstände in X-Richtung	mm
l_1, l_2 ...	Längen	mm
S_1, S_2 ... S	Schwerpunkte der Linien	–

Schwerpunktabstand in Y-Richtung

$$y_s = \frac{l_1 \cdot y_1 + l_2 \cdot y_2}{l_1 + l_2}$$

Schwerpunktabstand in X-Richtung

$$x_s = \frac{l_1 \cdot x_1 + l_2 \cdot x_2}{l_1 + l_2}$$

Flächenschwerpunkt

Rechteck, Quadrat

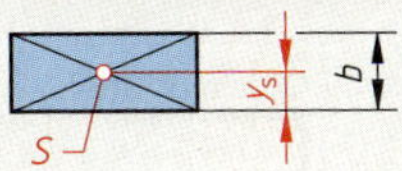

y_s	Schwerpunktabstand	mm
b	Breite, Höhe	mm
S	Schwerpunkt der Strecke	–

Schwerpunktabstand

$$y_s = \frac{b}{2}$$

Dreieck

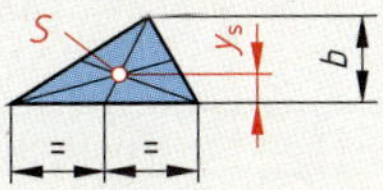

y_s	Schwerpunktabstand	mm
b	Breite, Höhe	mm

Schwerpunktabstand

$$y_s = \frac{b}{3}$$

Kreisabschnitt

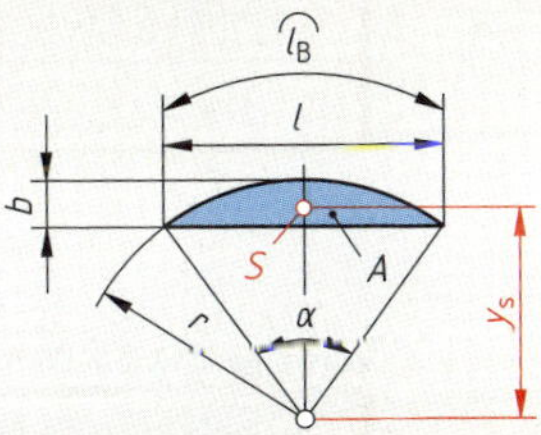

y_s	Schwerpunktabstand	mm
l	Sehnenlänge	mm
l_B	Bogenlänge	mm
r	Radius	mm
A	Fläche	mm^2
α	Mittelpunktswinkel	°

Schwerpunktabstand

$$y_s = \frac{l^3}{12 \cdot A}$$

Sehnenlänge

$$l = 2 \cdot r \cdot \sin\frac{\alpha}{2}$$

Bogenlänge

$$l_B = \frac{\pi \cdot r \cdot \alpha}{180°}$$

Fläche

$$A = \frac{l_B \cdot r - l \cdot (r - b)}{2}$$

Kreisausschnitt

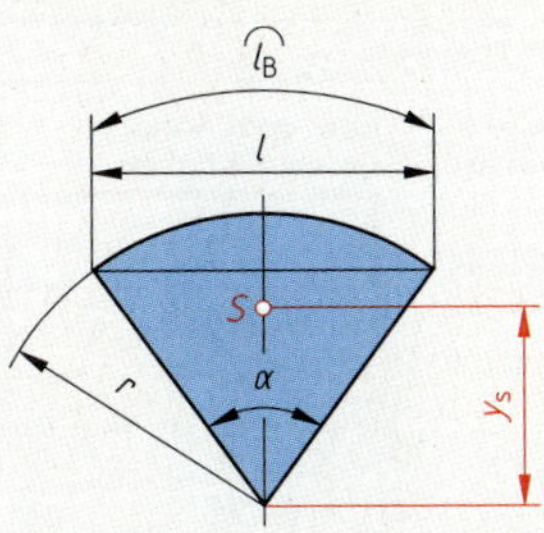

y_s	Schwerpunktabstand	mm
l	Sehnenlänge	mm
l_B	Bogenlänge	mm
r	Radius	mm
α	Mittelpunktswinkel	°

Schwerpunktabstand

$$y_s = \frac{2 \cdot r \cdot l}{3 \cdot l_B}$$

Sehnenlänge

$$l = 2 \cdot r \cdot \sin\frac{\alpha}{2}$$

Bogenlänge

$$l_B = \frac{\pi \cdot r \cdot \alpha}{180°}$$

Halbkreisfläche

$$y_s = \frac{4 \cdot r}{3 \cdot \pi}$$

$$y_s \approx 0{,}4244 \cdot r$$

Viertelkreisfläche

$$y_s = \frac{\sqrt{2} \cdot 4 \cdot r}{3 \cdot \pi}$$

$$y_s \approx 0{,}6002 \cdot r$$

Sechstelkreisfläche

$$y_s = \frac{2 \cdot r}{\pi}$$

$$y_s \approx 0{,}6366 \cdot r$$

Zusammengesetzte Fläche

Beispiel: 2 Flächen

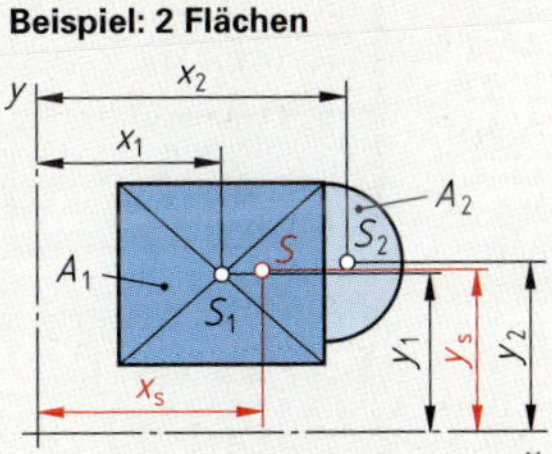

y_s	Schwerpunktabstand	mm
y_1, y_2 ...	Abstände in Y-Richtung	mm
x_s	Schwerpunktabstand	mm
x_1, x_2 ...	Abstände in X-Richtung	mm
A_1, A_2 ...	Teilflächen	mm^2
S_1, S_2 ... S	Schwerpunkte der Flächen	–

Schwerpunktabstand in Y-Richtung

$$y_s = \frac{A_1 \cdot y_1 + A_2 \cdot y_2}{A_1 + A_2}$$

Schwerpunktabstand in X-Richtung

$$x_s = \frac{A_1 \cdot x_1 + A_2 \cdot x_2}{A_1 + A_2}$$

Gleichförmige und gleichförmig beschleunigte Bewegung

Gleichförmige Bewegung

Geradlinige Bewegung

Weg-Zeit-Schaubild

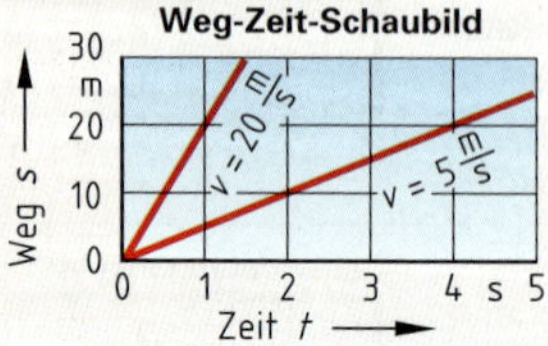

v	Geschwindigkeit	m/s
s	Weg	m
t	Zeit	s

$$1\,\frac{\text{m}}{\text{min}} = \frac{1}{60}\,\frac{\text{m}}{\text{s}} = 0{,}06\,\frac{\text{km}}{\text{h}}$$

$$1\,\frac{\text{m}}{\text{s}} = 60\,\frac{\text{m}}{\text{min}} = 3{,}6\,\frac{\text{km}}{\text{h}}$$

Geschwindigkeit

$$v = \frac{s}{t}$$

$$t = \frac{s}{v} \qquad s = v \cdot t$$

Kreisförmige Bewegung

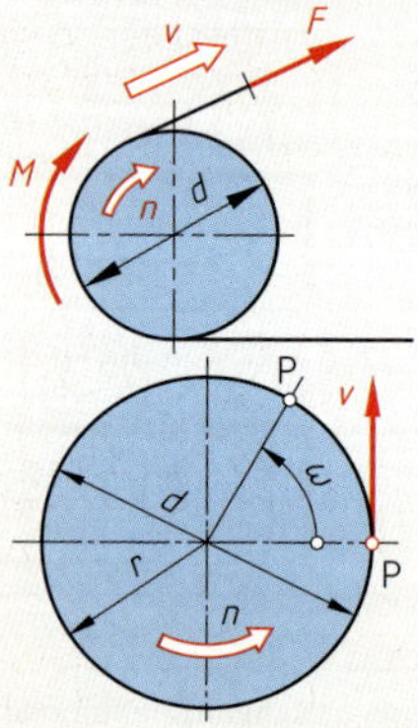

v	Umfangsgeschwindigkeit	m/s
ω	Winkelgeschwindigkeit	1/s
n	Drehzahl, Drehfrequenz	1/s
r	Radius	m
d	Durchmesser	m

Drehzahl

$$\frac{1}{\text{min}} = \frac{1}{60\,\text{s}}; \qquad \frac{1}{\text{s}} = \frac{60}{\text{min}}$$

Umfangsgeschwindigkeit

$$1\,\frac{\text{m}}{\text{min}} = \frac{1}{60}\,\frac{\text{m}}{\text{s}}$$

$$1\,\frac{\text{m}}{\text{s}} = 60\,\frac{\text{m}}{\text{min}}$$

Umfangsgeschwindigkeit

$$v = \pi \cdot d \cdot n$$

$$v = \omega \cdot r$$

$$d = \frac{v}{\pi \cdot n} \qquad n = \frac{v}{\pi \cdot d}$$

Winkelgeschwindigkeit

$$\omega = 2 \cdot \pi \cdot n$$

$$n = \frac{\omega}{2 \cdot \pi}$$

Gleichförmig beschleunigte Bewegung

Geradlinig beschleunigte Bewegung

Geschwindigkeit-Zeit-Schaubild

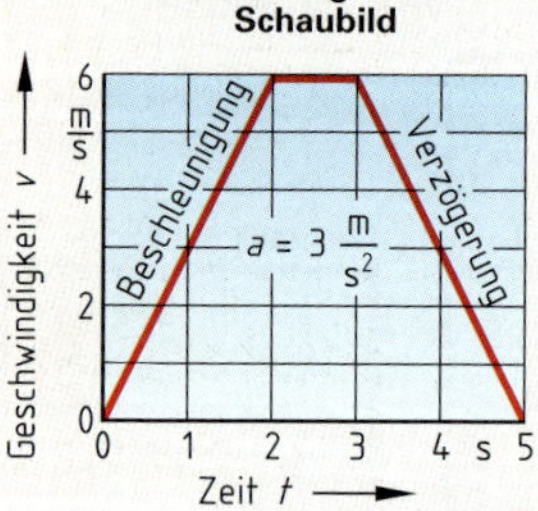

Weg-Zeit-Schaubild

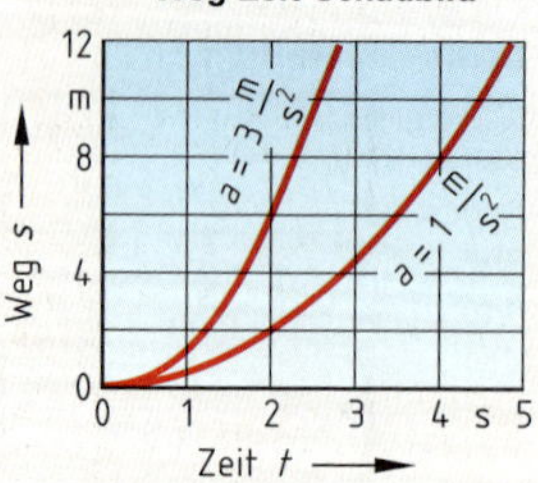

Die Zunahme der Geschwindigkeit je Zeiteinheit heißt Beschleunigung, die Abnahme Verzögerung.

Die Formeln gelten für die Beschleunigung aus dem Stillstand oder die Verzögerung bis zum Stillstand.

v	Endgeschwindigkeit bei Beschleunigung oder Anfangsgeschwindigkeit bei Verzögerung	m/s
s	Beschleunigungs- oder Verzögerungsweg	m
a	Beschleunigung oder Verzögerung	m/s²
t	Beschleunigungs- oder Verzögerungszeit	s
g	Fallbeschleunigung	m/s²

Der freie Fall ist eine gleichförmig beschleunigte Bewegung, bei der die Fallbeschleunigung g wirksam ist.

$$g = 9{,}81\,\frac{\text{m}}{\text{s}^2} \approx 10\,\frac{\text{m}}{\text{s}^2}$$

End- oder Anfangsgeschwindigkeit

$$v = a \cdot t$$

$$v = \sqrt{2 \cdot a \cdot s}$$

$$a = \frac{v}{t} \qquad t = \frac{v}{a}$$

$$a = \frac{v^2}{2 \cdot s} \qquad s = \frac{v^2}{2 \cdot a}$$

Beschleunigungs- oder Verzögerungsweg

$$s = \frac{1}{2} \cdot v \cdot t$$

$$s = \frac{1}{2} \cdot a \cdot t^2$$

$$v = \frac{2 \cdot s}{t} \qquad t = \frac{2 \cdot s}{v}$$

$$a = \frac{2 \cdot s}{t^2} \qquad t = \sqrt{\frac{2 \cdot s}{a}}$$

Geschwindigkeiten an Maschinen

Vorschubgeschwindigkeit

Drehen, Bohren

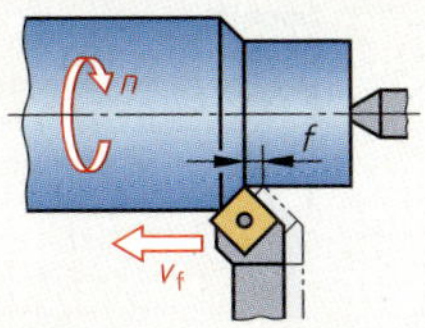

v_f	Vorschubgeschwindigkeit	mm/min
f	Vorschub	mm
n	Drehzahl	1/min

Vorschubgeschwindigkeit

$$v_f = n \cdot f$$

$$f = \frac{v_f}{n}$$

Fräsen

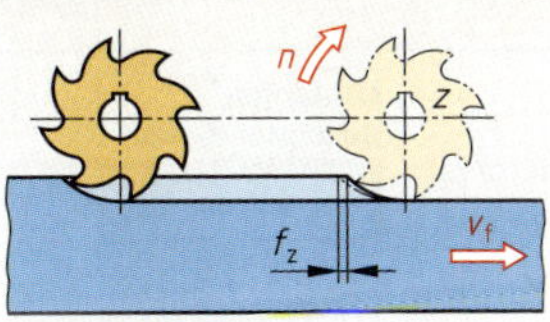

v_f	Vorschubgeschwindigkeit	mm/min
f_z	Vorschub je Schneide	mm
n	Drehzahl	1/min
z	Anzahl der Schneiden	–

Vorschubgeschwindigkeit

$$v_f = n \cdot f_z \cdot z$$

$$f_z = \frac{v_f}{n \cdot z}$$

Schleifen

Längsrundschleifen

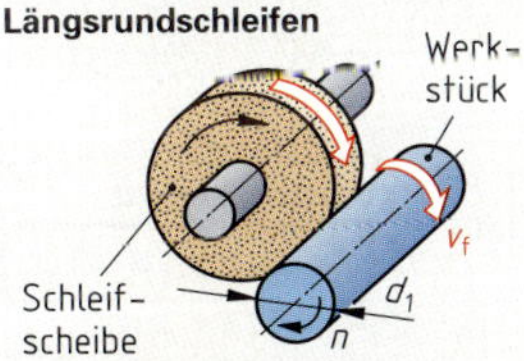

v_f	Vorschubgeschwindigkeit	mm/min
d_1	Durchmesser des Werkstücks	mm
n	Drehzahl des Werkstücks	1/min

Vorschubgeschwindigkeit

$$v_f = \pi \cdot d_1 \cdot n$$

$$n = \frac{v_f}{\pi \cdot d_1}$$

Planschleifen

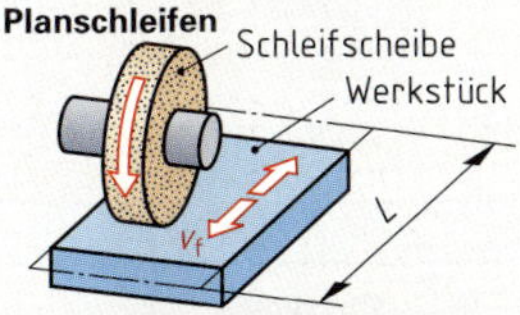

v_f	Vorschubgeschwindigkeit	mm/min
L	Vorschubweg	mm
n_H	Hubzahl (Einzelhübe)	1/min

Vorschubgeschwindigkeit

$$v_f = L \cdot n_H$$

$$n_H = \frac{v_f}{L}$$

Gewindetrieb

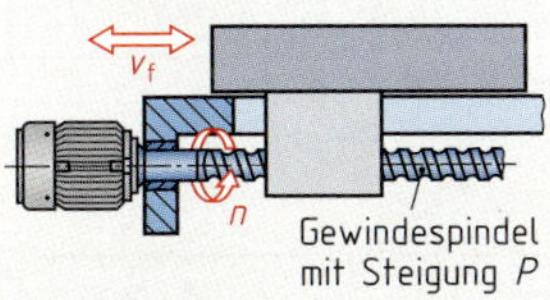

v_f	Vorschubgeschwindigkeit	mm/min
P	Gewindesteigung	mm
n	Drehzahl der Gewindespindel	1/min

Vorschubgeschwindigkeit

$$v_f = n \cdot P$$

$$n = \frac{v_f}{P}$$

Zahnstangentrieb

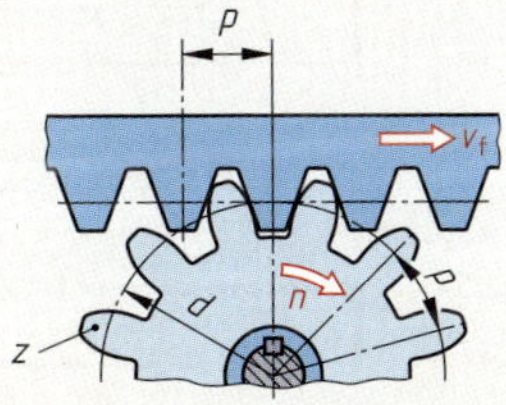

v_f	Vorschubgeschwindigkeit	mm/min
z	Zähnezahl des Ritzels	–
p	Zahnteilung	mm
n	Drehzahl des Ritzels	1/min
d	Teilkreisdurchmesser des Ritzels	mm

Vorschubgeschwindigkeit

$$v_f = n \cdot z \cdot p$$

$$v_f = \pi \cdot d \cdot n$$

$$n = \frac{v_f}{p \cdot z} \qquad n = \frac{v_f}{\pi \cdot d}$$

Geschwindigkeiten an Maschinen, Kräfte

Schnittgeschwindigkeit

Drehen

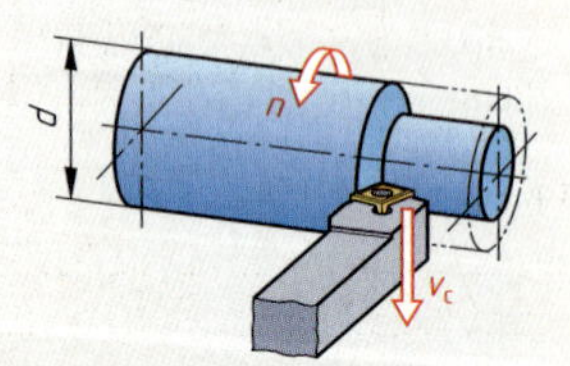

v_c	Schnittgeschwindigkeit	m/min
n	Drehzahl	1/min
d	Durchmesser (Drehen) Scheibendurchmesser (Schleifen) Bohrerdurchmesser (Bohren) Fräserdurchmesser (Fräsen)	m

Schnittgeschwindigkeit

$$v_c = \pi \cdot d \cdot n$$

$$n = \frac{v_c}{\pi \cdot d} \qquad d = \frac{v_c}{\pi \cdot n}$$

Umfangsgeschwindigkeit

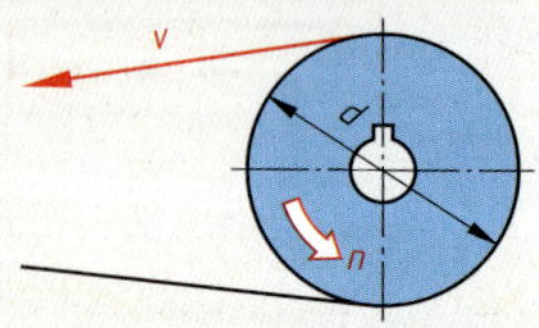

v	Umfangsgeschwindigkeit	m/min
n	Drehzahl	1/min
d	Durchmesser	m

Umfangsgeschwindigkeit

$$v = \pi \cdot d \cdot n$$

$$n = \frac{v_c}{\pi \cdot d} \qquad d = \frac{v}{\pi \cdot n}$$

Mittlere Geschwindigkeit bei Kurbeltrieben

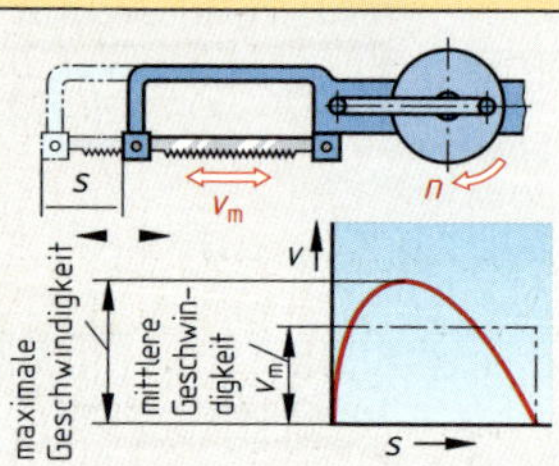

v_m	Mittlere Geschwindigkeit	m/min
n	Anzahl der Doppelhübe	1/min
s	Hublänge	m

Mittlere Geschwindigkeit

$$v_m = 2 \cdot s \cdot n$$

$$n = \frac{v_m}{2 \cdot s} \qquad s = \frac{v_m}{2 \cdot n}$$

Kräfte

Darstellen von Kräften

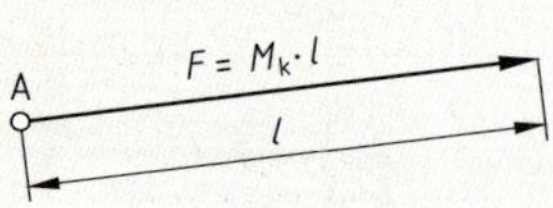

F	Kraft	N
l	Pfeillänge	mm
M_k	Kräftemaßstab	N/mm

Die Einheit der Kraft ist 1 Newton (1 N).

$$1\ \text{N} = 1\ \text{kg} \cdot 1\ \frac{\text{m}}{\text{s}^2} = 1\ \frac{\text{kg} \cdot \text{m}}{\text{s}^2}$$

Pfeillänge

$$l = \frac{F}{M_k}$$

$$M_k = \frac{F}{l} \qquad F = M_k \cdot l$$

Addieren von Kräften auf gleicher Wirkungslinie

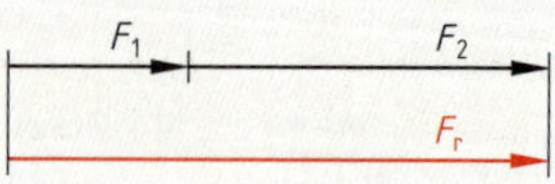

F_1, F_2	Teilkräfte	N
F_r	Resultierende	N

Resultierende

$$F_r = F_1 + F_2$$

Subtrahieren von Kräften auf gleicher Wirkungslinie

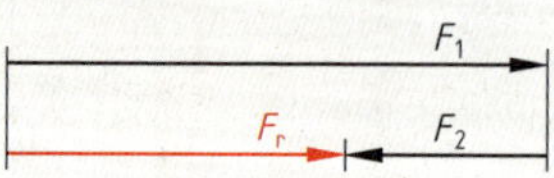

F_1, F_2	Teilkräfte	N
F_r	Resultierende	N

Resultierende

$$F_r = F_1 - F_2$$

Kräfte

Zusammensetzen von Kräften auf verschiedenen Wirkungslinien

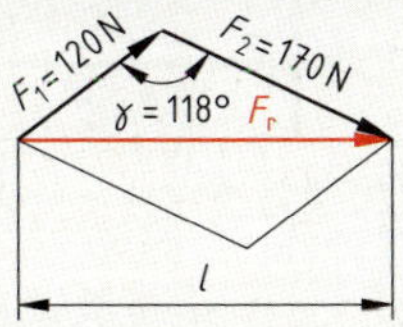

F_1, F_2	Teilkräfte	N
F_r	Resultierende	N
l	Pfeillänge	mm
M_k	Kräftemaßstab	N/mm

Die Resultierende entspricht der Diagonalen im Kräfteparallelogramm.

Resultierende

$$F_r = M_k \cdot l$$

Zerlegen in Kräfte auf verschiedenen Wirkungslinien

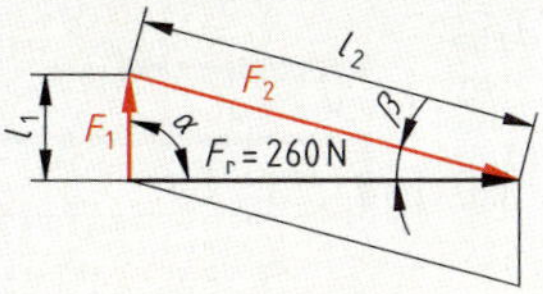

F_1, F_2	Teilkräfte	N
F_r	Resultierende	N
l_1, l_2	Pfeillängen	mm
M_k	Kräftemaßstab	N/mm

Die Teilkräfte entsprechen den Seiten des Kräfteparallelogramms.

Teilkräfte

$$F_1 = M_k \cdot l_1$$

$$F_2 = M_k \cdot l_2$$

Kräfte bei Beschleunigung und Verzögerung

F	Beschleunigungskraft	N
m	Masse	kg
a	Beschleunigung oder Verzögerung	m/s²

$$1\ \frac{\text{m}}{\text{s}^2} = \frac{1\ \text{m/s}}{1\ \text{s}}$$

Beschleunigungskraft

$$F = m \cdot a$$

$$a = \frac{F}{m} \qquad m = \frac{F}{a}$$

Gewichtskraft

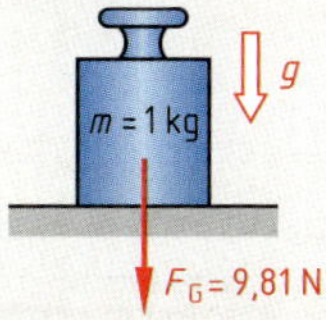

F_G	Gewichtskraft	N
m	Masse	kg
g	Fallbeschleunigung	m/s²

$$g = 9{,}81\ \frac{\text{m}}{\text{s}^2} \approx 10\ \frac{\text{m}}{\text{s}^2}$$

Gewichtskraft

$$F_G = m \cdot g$$

$$m = \frac{F_G}{g}$$

Federkraft

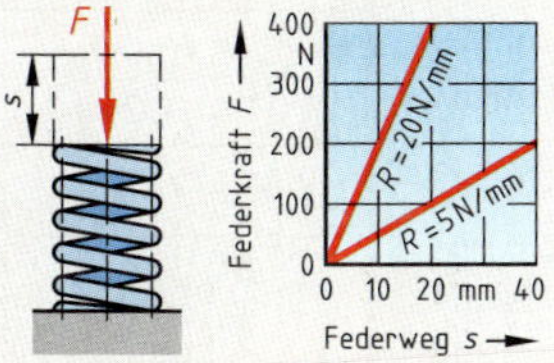

F	Federkraft	N
R	Federrate	N/mm
s	Federweg	mm

Federkraft

$$F = R \cdot s$$

$$R = \frac{F}{s} \qquad s = \frac{F}{R}$$

Fliehkraft

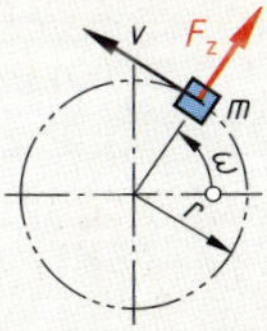

F_z	Fliehkraft	N
m	Masse	kg
r	Radius	m
ω	Winkelgeschwindigkeit	1/s
v	Umfangsgeschwindigkeit	m/s

Umfangsgeschwindigkeit: Seite 16, 18

Fliehkraft

$$F_z = m \cdot r \cdot \omega^2$$

$$F_z = \frac{m \cdot v^2}{r}$$

Hebel und Drehmoment

Hebel und Drehmoment

einseitiger Hebel

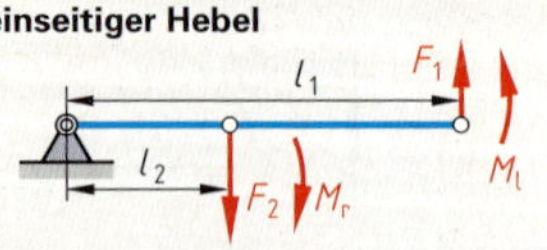

zweiseitiger Hebel

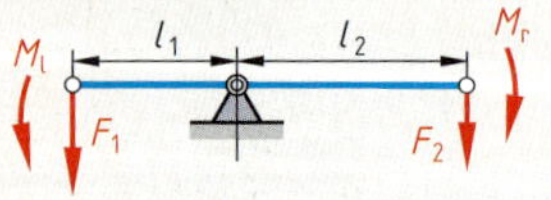

Winkelhebel

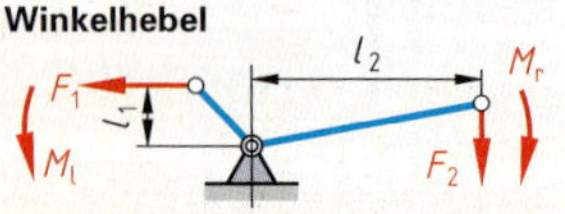

M	Drehmoment	N · m
l	wirksame Hebellänge	m
F	Kraft	N
ΣM_l	Summe aller linksdrehenden Momente	N · m
ΣM_r	Summe aller rechtsdrehenden Momente	N · m

Die wirksame Hebellänge l ist der rechtwinklige Abstand zwischen dem Drehpunkt des Hebels und der Wirkungslinie der Kraft. Bei scheibenförmigen drehbaren Teilen entspricht die Hebellänge dem Radius r.

Drehmoment

$$M = F \cdot l$$

$$F = \frac{M}{l} \qquad l = \frac{M}{F}$$

Hebelgesetz

$$\Sigma M_l = \Sigma M_r$$

Hebelgesetz bei nur 2 Kräften

$$F_1 \cdot l_1 = F_2 \cdot l_2$$

$$F_1 = \frac{F_2 \cdot l_2}{l_1}; \quad F_2 = \frac{F_1 \cdot l_1}{l_2}$$

Auflagerkräfte

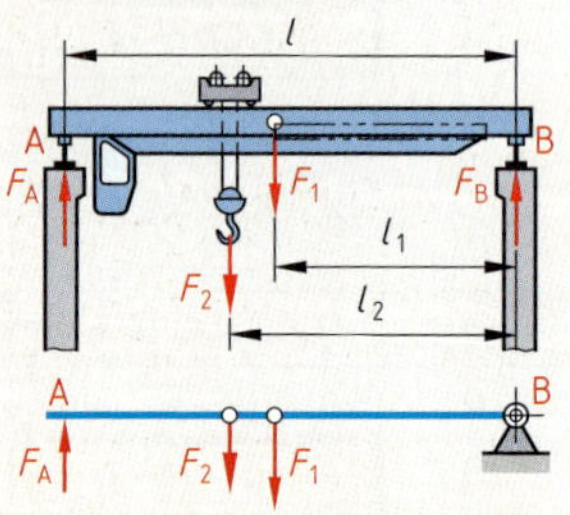

Zur Berechnung der Auflagerkräfte nimmt man einen der Auflagerpunkte als Drehpunkt (z. B. im Lager B) an und berechnet die Auflagerkraft an dem anderen Auflagerpunkt (z. B. im Lager A).

F_A, F_B	Auflagerkräfte	N
F_1, F_2	Kräfte	N
l, l_1, l_2	wirksame Hebellängen	m

Auflagerkraft in A

$$F_A = \frac{F_1 \cdot l_1 + F_2 \cdot l_2 \ldots}{l}$$

$$F_A + F_B = F_1 + F_2 \ldots$$

$$F_B = F_1 + F_2 \ldots - F_A$$

Drehmoment bei Zahnrädertrieben

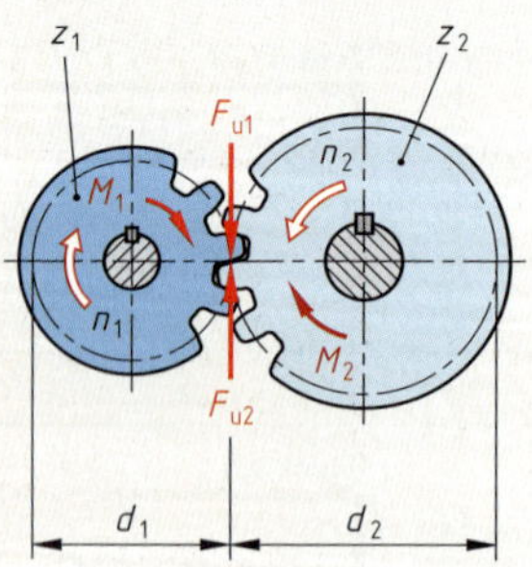

treibendes Rad:

F_{u1}	Umfangskraft	N
M_1	Drehmoment	N · m
d_1	Teilkreisdurchmesser	m
z_1	Zähnezahl	–
n_1	Drehzahl	1/min

getriebenes Rad:

F_{u2}	Umfangskraft	N
M_2	Drehmoment	N · m
d_2	Teilkreisdurchmesser	m
z_2	Zähnezahl	–
n_2	Drehzahl	1/min

Für beide Räder:

i	Übersetzungsverhältnis (Seite 35)	–

Drehmoment

$$M_1 = \frac{F_{u1} \cdot d_1}{2}$$

$$M_2 = \frac{F_{u2} \cdot d_2}{2}$$

$$M_2 = i \cdot M_1$$

$$\frac{M_2}{M_1} = \frac{z_2}{z_1}$$

$$\frac{M_2}{M_1} = \frac{n_1}{n_2}$$

$$M_1 = \frac{M_2 \cdot z_1}{z_2}$$

$$M_2 = \frac{M_1 \cdot z_2}{z_1}$$

Arbeit, Energie, Goldene Regel der Mechanik

Mechanische Arbeit, Hubarbeit und Reibungsarbeit

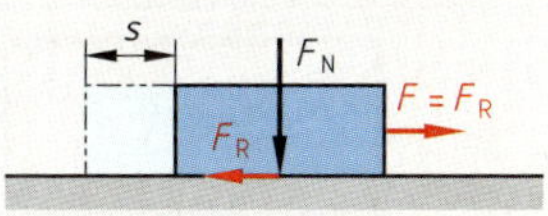

Arbeit wird verrichtet, wenn eine Kraft längs eines Weges wirkt.

F	Kraft in Wegrichtung	N
F_G	Gewichtskraft	N
F_R	Reibungskraft	N
F_N	Normalkraft	N
W	Arbeit	J
s	Kraftweg	m
s, h	Hubhöhe	m

$$1\ \text{J} = 1\ \text{N} \cdot 1\ \text{m} = 1\ \text{W} \cdot \text{s} = 1\ \frac{\text{kg} \cdot \text{m}^2}{\text{s}^2}$$

Reibungskraft: Seite 23

Arbeit

$$W = F \cdot s$$

$$F = \frac{W}{s} \qquad s = \frac{W}{F}$$

Hubarbeit

$$W = F_G \cdot h$$

$$F_G = \frac{W}{h} \qquad h = \frac{W}{F_G}$$

Reibungsarbeit

$$W = \mu \cdot F_N \cdot s$$

Potenzielle Energie

Lageenergie

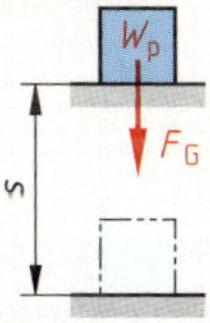

Federenergie

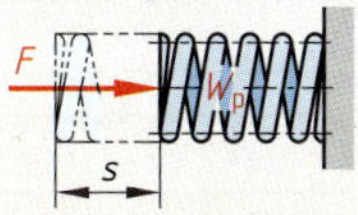

$$R = \frac{F}{s}$$

Potenzielle Energie ist gespeicherte Arbeit (Lageenergie, Federenergie).

W_p	potenzielle Energie	J
F_G	Gewichtskraft	N
F	Federkraft	N
R	Federrate	N/m
s, h	Weg, Hub- oder Fallhöhe, Federweg	m

1 N/mm = 1000 N/m

Lageenergie

$$W_p = F_G \cdot s$$

$$F = \frac{W_p}{s} \qquad s = \frac{W_p}{F}$$

Federenergie

$$W_p = \frac{R \cdot s^2}{2}$$

Kinetische Energie

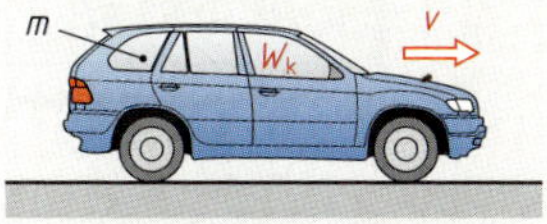

Kinetische Energie ist Energie der Bewegung.

W_k	kinetische Energie	J
v	Geschwindigkeit	m/s
m	Masse	kg

Kinetische Energie

$$W_k = \frac{m \cdot v^2}{2}$$

$$m = \frac{2 \cdot W_k}{v^2}; \quad v = \sqrt{\frac{2 \cdot W_k}{m}}$$

Goldene Regel der Mechanik

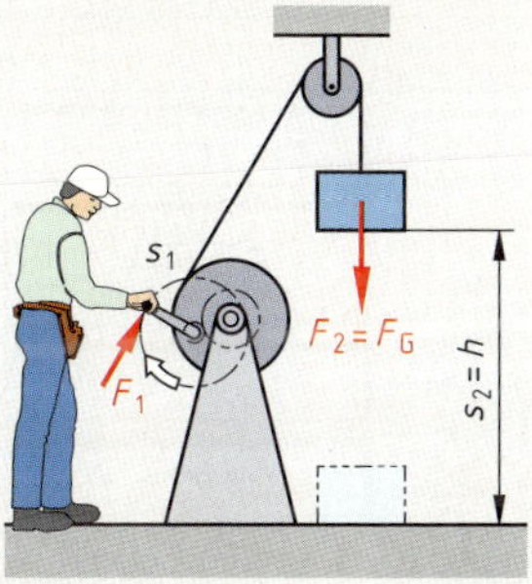

Ohne Berücksichtigung der Reibung gilt: Was an Kraft gewonnen wird, geht an Weg verloren.

W_1	aufgewendete Arbeit	J
F_1	aufgewendete Kraft	N
s_1	Weg der Kraft F_1	m
W_2	abgegebene Arbeit	J
F_2	abgegebene Kraft	N
s_2	Weg der Kraft F_2	m
F_G	Gewichtskraft	N
h	Hubhöhe	m
η	Wirkungsgrad	–

„Goldene Regel" der Mechanik

$$W_1 = W_2$$

$$F_1 \cdot s_1 = F_2 \cdot s_2$$

$$F_1 \cdot s_1 = F_G \cdot h$$

Bei Berücksichtigung der Reibung

$$W_1 = \frac{W_2}{\eta}$$

Einfache Maschinen

Feste Rolle[1)]

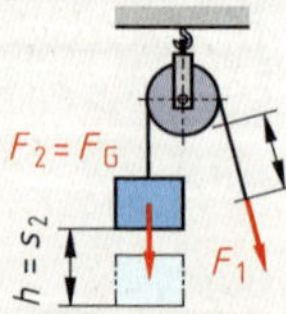

F_1	aufgewendete Kraft	N	$F_1 = F_G$
s_1	Weg der Kraft F_1	m	$s_1 = h$
F_G	Gewichtskraft	N	$W_2 = F_G \cdot h$
h	Hubhöhe	m	
W_2	abgegebene Arbeit	J	

Lose Rolle[1)]

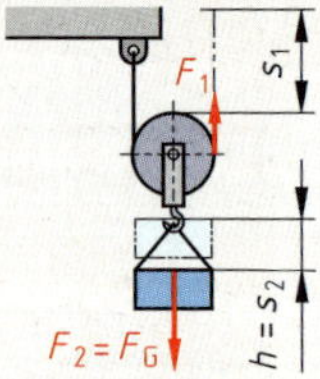

F_1	aufgewendete Kraft	N	$F_1 = \frac{F_G}{2}$
s_1	Weg der Kraft F_1	m	$s_1 = 2 \cdot h$
F_G	Gewichtskraft	N	$W_2 = F_G \cdot h$
h	Hubhöhe	m	
W_2	abgegebene Arbeit	J	

Flaschenzug[1)]

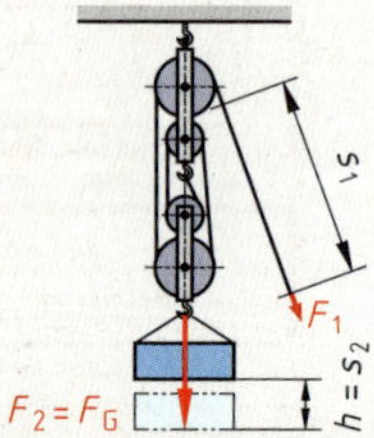

F_1	aufgewendete Kraft	N	$F_1 = \frac{F_G}{n}$
s_1	Weg der Kraft F_1	m	$s_1 = n \cdot h$
F_G	Gewichtskraft	N	$W_2 = F_G \cdot h$
h	Hubhöhe	m	
n	Anzahl der tragenden Seilstränge ≙ Anzahl der Rollen	–	
W_2	abgegebene Arbeit	J	

Schraube[1)]

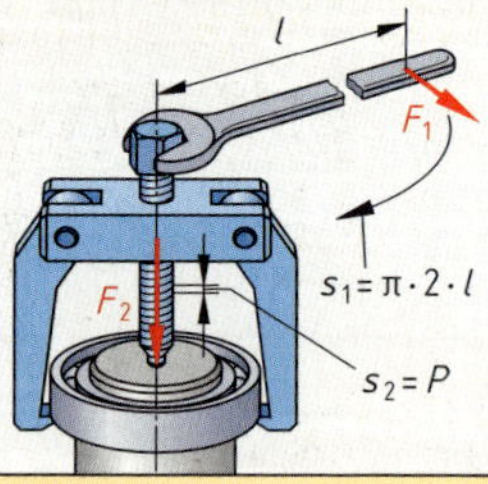

W_1	aufgewendete Arbeit	N·mm	$F_1 \cdot 2 \cdot \pi \cdot l = F_2 \cdot P$
W_2	abgegebene Arbeit	N·mm	$s_1 = 2 \cdot \pi \cdot l$
F_1	aufgewendete Kraft	N	$W_1 = F_1 \cdot 2 \cdot \pi \cdot l$
F_2	abgegebene Kraft	N	$W_2 = F_2 \cdot P$
s_1	Weg der Kraft F_1	mm	
l	Hebellänge	mm	
P	Gewindesteigung	mm	

Die Berechnung wird stets für eine volle Umdrehung (360°) durchgeführt.

Keil[1)]

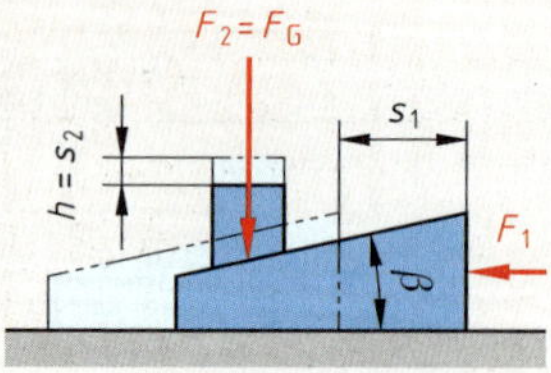

F_1	aufgewendete Kraft	N	$F_1 \cdot s_1 = F_2 \cdot h$
F_2	abgegebene Kraft	N	$F_2 = \frac{F_1}{\tan\beta}$
s_1	Weg der Kraft F_1	mm	$h = s_1 \cdot \tan\beta$
h	Hubhöhe	mm	$W_2 = F_2 \cdot h$
β	Neigungswinkel	°	
W_2	abgegebene Arbeit	N·mm	

[1)] Die Formeln gelten für den reibungsfreien Zustand. Bei diesem ist die aufgewendete Arbeit W_1 gleich der abgegebenen Arbeit W_2.

Einfache Maschinen, Reibung

Schiefe Ebene[1]

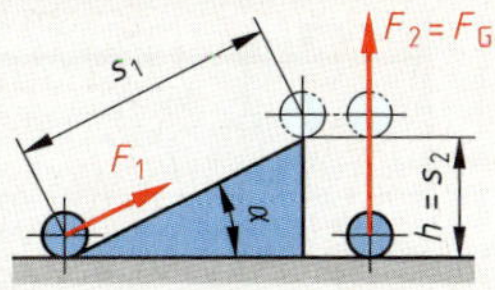

F_1	aufgewendete Kraft	N
s_1	Weg der Kraft F_1	m
F_G	Gewichtskraft	N
h	Höhe der schiefen Ebene	m
α	Neigungswinkel	°
W_2	abgegebene Arbeit	J

$$F_1 \cdot s_1 = F_G \cdot h$$

$$F_1 = F_G \cdot \sin\alpha$$

$$W_2 = F_G \cdot h$$

Seilwinde[1]

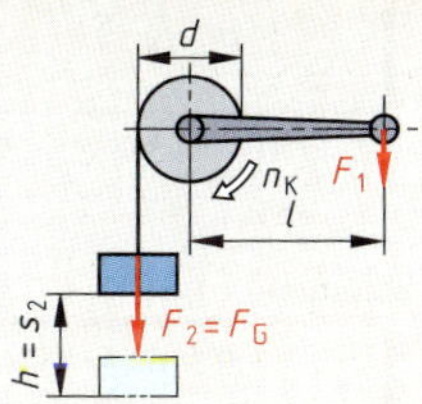

F_1	aufgewendete Kraft	N
F_G	Gewichtskraft	N
l	Kurbellänge	m
h	Hubhöhe	m
d	Trommeldurchmesser	m
n_k	Anzahl der Kurbelumdrehungen	–
W_2	abgegebene Arbeit	J

$$F_1 \cdot l = \frac{F_G \cdot d}{2}$$

$$h = \pi \cdot d \cdot n_k$$

$$W_2 = F_G \cdot h$$

Räderwinde[1]

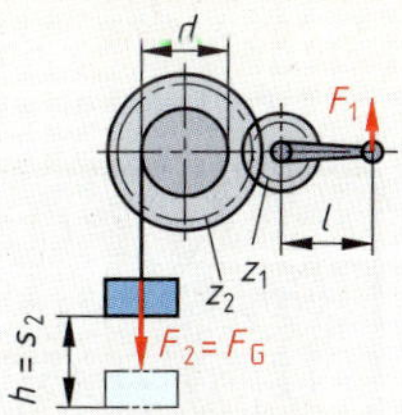

F_1	aufgewendete Kraft	N
F_G	Gewichtskraft	N
l	Kurbellänge	m
h	Hubhöhe	m
d	Trommeldurchmesser	m
i	Übersetzungsverhältnis	–
W_2	abgegebene Arbeit	J

$$F_1 \cdot l \cdot i = \frac{F_G \cdot d}{2}$$

$$i = \frac{z_2}{z_1}$$

$$W_2 = F_G \cdot h$$

[1] Die Formeln gelten für den reibungsfreien Zustand. Bei diesem ist die aufgewendete Arbeit W_1 gleich der abgegebenen Arbeit W_2.

Reibungskraft

Haftreibung, Gleitreibung

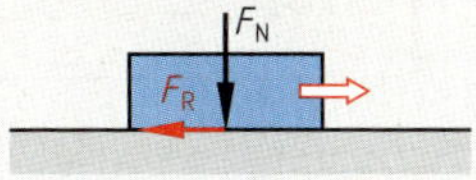

Rollreibung

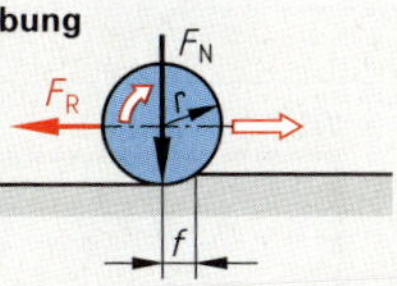

F_N	Normalkraft	N
F_R	Reibungskraft	N
μ	Reibungszahl bei Haft- oder Gleitreibung (Ruhe- oder Bewegungsreibung)	–
f	Rollreibungszahl	mm
r	Radius	mm

μ und f siehe Tabellenbuch Metall

Reibungskraft bei Haft- und Gleitreibung

$$F_R = \mu \cdot F_N$$

$$F_N = \frac{F_R}{\mu} \qquad \mu = \frac{F_R}{F_N}$$

Reibungskraft bei Rollreibung

$$F_R = \frac{f \cdot F_N}{r}$$

Reibungsmoment und Reibungsleistung in Lagern

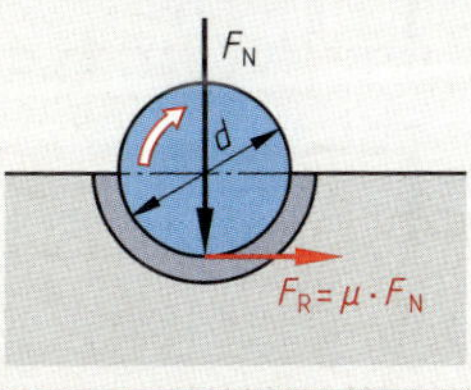

M	Reibungsmoment	N · m
P	Leistung	W
F_N	Normalkraft	N
μ	Reibungszahl	–
d	Durchmesser	m
n	Drehzahl	1/s

$$1\ \text{W} = \frac{1\ \text{N} \cdot \text{m}}{\text{s}} = \frac{1\ \text{J}}{\text{s}}$$

Reibungsmoment

$$M = \frac{\mu \cdot F_N \cdot d}{2}$$

Reibungsleistung

$$P = \mu \cdot F_N \cdot \pi \cdot d \cdot n$$

Leistung und Wirkungsgrad

Leistung bei geradliniger Bewegung

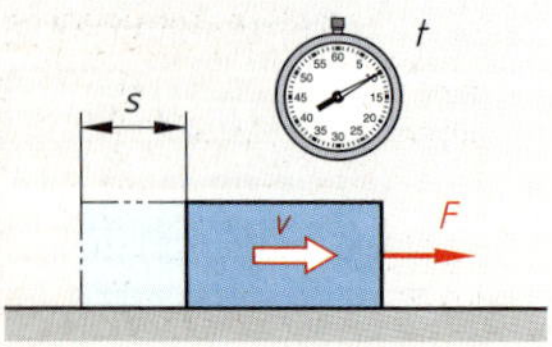

Leistung ist die Arbeit je Zeiteinheit.

P	Leistung	W
W	Arbeit	J
F	Kraft	N
v	Geschwindigkeit	m/s
s	Weg in Kraftrichtung	m
t	Zeit	s

$$1\ \text{W} = 1\ \frac{\text{J}}{\text{s}} = 1\ \frac{\text{N}\cdot\text{m}}{\text{s}}$$

1 kW = 1000 W = 1,36 PS

Hydraulische Leistung: Seite 45

Leistung

$$P = \frac{W}{t}$$

$W = P \cdot t$ $\quad t = \frac{W}{P}$

Leistung

$$P = \frac{F \cdot s}{t}$$

$F = \frac{P \cdot t}{s}$ $\quad s = \frac{P \cdot t}{F}$ $\quad t = \frac{F \cdot s}{P}$

Leistung

$$P = F \cdot v$$

$F = \frac{P}{v}$ $\quad v = \frac{P}{F}$

Leistung bei kreisförmiger Bewegung

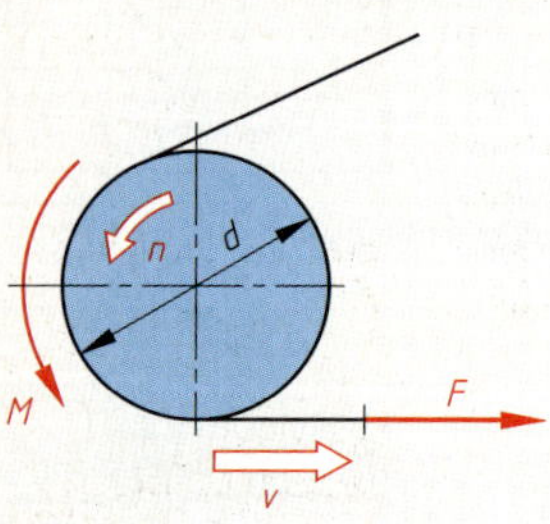

P	Leistung	W
M	Drehmoment	N · m
F	Umfangskraft	N
v	Geschwindigkeit	m/s
s	Weg in Kraftrichtung	m
t	Zeit	s
n	Drehzahl	1/s
ω	Winkelgeschwindigkeit	1/s

$$\frac{1}{\text{min}} = 1\ \text{min}^{-1} = \frac{1}{60\ \text{s}} = 0{,}01667\ \text{s}^{-1}$$

Zahlenwertgleichung:
Einsetzen → M in N · m, n in 1/min
Ergebnis → P in kW

Schnittleistung bei Werkzeugmaschinen: Seite 42

Leistung

$$P = F \cdot v$$

$$P = F \cdot \pi \cdot d \cdot n$$

$$P = M \cdot 2 \cdot \pi \cdot n$$

$$P = M \cdot \omega$$

Leistung

$$P = \frac{M \cdot n}{9550}$$

$M = 9550 \cdot \frac{P}{n}$

Wirkungsgrad

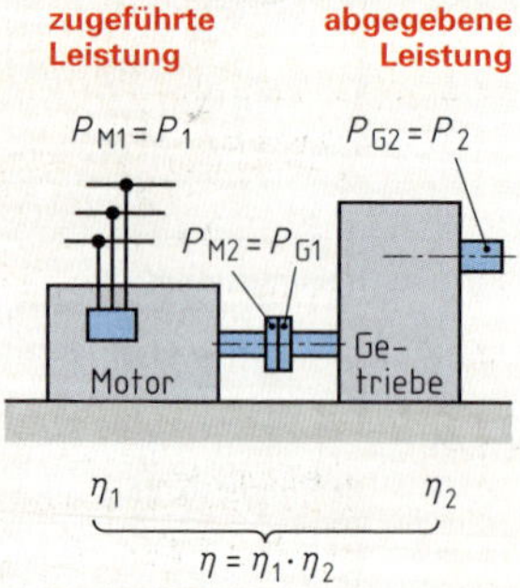

P_1	zugeführte Leistung	W
P_2	abgegebene Leistung	W
W_1	zugeführte Arbeit (Energie)	J
W_2	abgegebene Arbeit (Energie)	J
η	Gesamtwirkungsgrad	–
η_1, η_2, η_3	Teilwirkungsgrade	–
i	Übersetzungsverhältnis	–

Wirkungsgrad

$$\eta = \frac{P_2}{P_1}$$

$$\eta = \frac{W_2}{W_1}$$

Gesamtwirkungsgrad

$$\eta = \eta_1 \cdot \eta_2 \cdot \eta_3 \cdot \ldots$$

$\eta_1 = \frac{\eta}{\eta_2 \cdot \eta_3 \cdot \ldots}$ $\quad \eta_2 = \frac{\eta}{\eta_1 \cdot \eta_3 \cdot \ldots}$

Festigkeitsberechnungen

Beanspruchung auf Zug

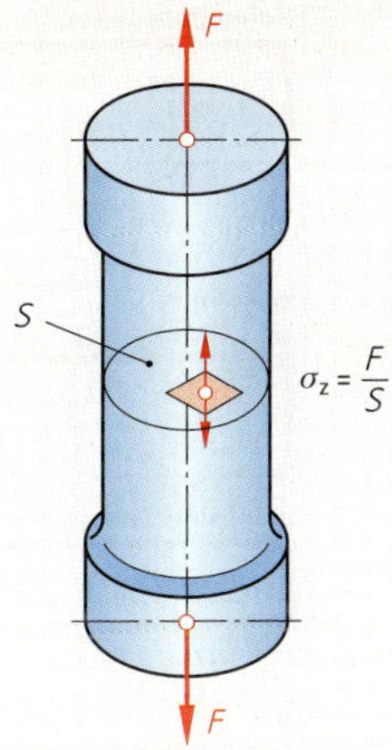

σ_z	Zugspannung	N/mm²
F	Zugkraft	N
S	Querschnittsfläche	mm²
$\sigma_{z\,zul}$	zulässige Zugspannung	N/mm²
R_e	Streckgrenze	N/mm²
R_m	Zugfestigkeit	N/mm²
ν	Sicherheitszahl	–
F_{zul}	zulässige Zugkraft	N

Zugspannung

$$\sigma_z = \frac{F}{S}$$

$$S = \frac{F}{\sigma_z}$$

zulässige Zugkraft

$$F_{zul} = \sigma_{z\,zul} \cdot S$$

zulässige Zugspannung

für Stahl
$$\sigma_{z\,zul} = \frac{R_e}{\nu}$$

für Gusseisen
$$\sigma_{z\,zul} = \frac{R_m}{\nu}$$

Beanspruchung auf Druck

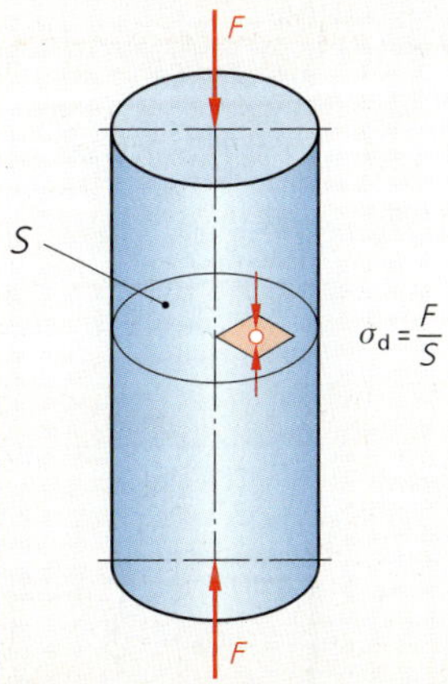

σ_d	Druckspannung	N/mm²
F	Druckkraft	N
S	Querschnittsfläche	mm²
$\sigma_{d\,zul}$	zulässige Druckspannung	N/mm²
σ_{dF}	Quetschgrenze	N/mm²
R_e	Streckgrenze	N/mm²
R_m	Zugfestigkeit	N/mm²
ν	Sicherheitszahl	–
F_{zul}	zulässige Druckkraft	N

Druckspannung

$$\sigma_d = \frac{F}{S}$$

$$S = \frac{F}{\sigma_d}$$

zulässige Druckkraft

$$F_{zul} = \sigma_{d\,zul} \cdot S$$

zulässige Druckspannung

für Stahl
$$\sigma_{d\,zul} = \frac{\sigma_{dF}}{\nu}$$

für Gusseisen
$$\sigma_{d\,zul} \approx \frac{4 \cdot R_m}{\nu}$$

Beanspruchung auf Flächenpressung

$A = l \cdot b$

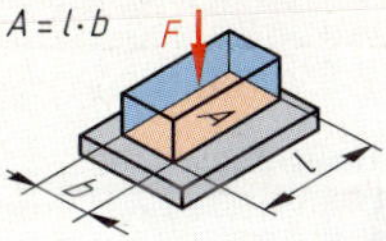

$A = l \cdot d$

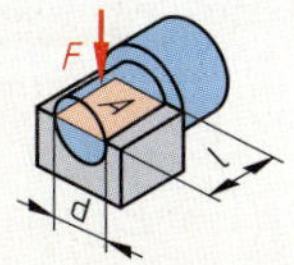

F	Kraft	N
p	Flächenpressung	N/mm²
A	Berührungsfläche, projizierte Fläche	mm²
F_{zul}	zulässige Kraft	N
p_{zul}	zulässige Flächenpressung	N/mm²

Flächenpressung

$$p = \frac{F}{A}$$

$$A = \frac{F}{p}$$

Zulässige Kraft

$$F_{zul} = p_{zul} \cdot A$$

Festigkeitsberechnungen

Beanspruchung auf Abscherung

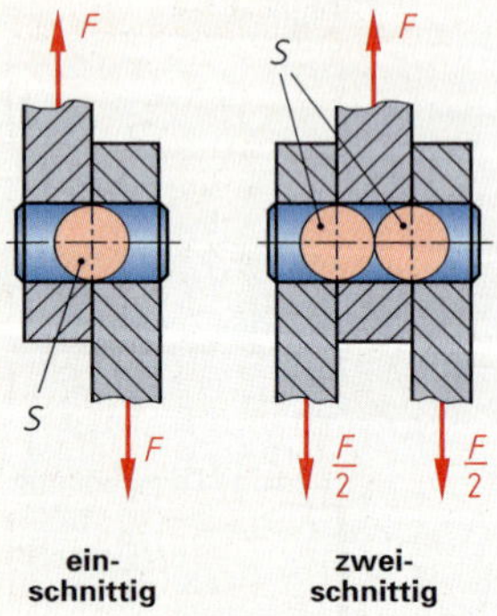

τ_a	Scherspannung	N/mm^2
F	Scherkraft	N
S	Querschnittfläche	mm^2
$\tau_{a\,zul}$	zulässige Scherspannung	N/mm^2
τ_{aB}	Scherfestigkeit	N/mm^2
F_{zul}	zulässige Scherkraft	N
ν	Sicherheitszahl	–

Scherspannung

$$\tau_a = \frac{F}{S}$$

$$S = \frac{F}{\tau_a}$$

zulässige Scherspannung

$$\tau_{a\,zul} = \frac{\tau_{aB}}{\nu}$$

zulässige Scherkraft

$$F_{zul} = S \cdot \tau_{a\,zul}$$

Schneiden von Werkstoffen

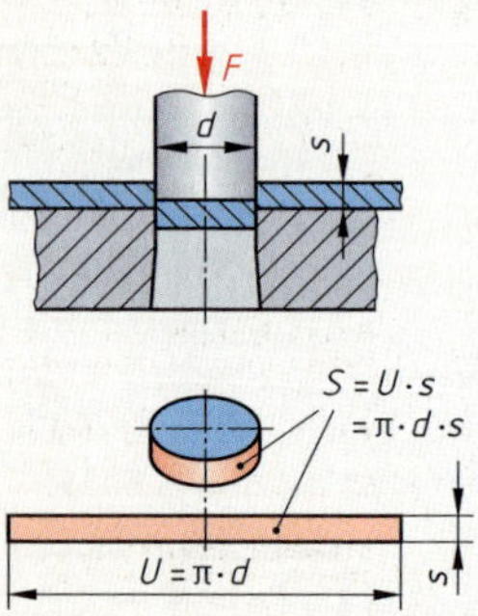

$\tau_{aB\,max}$	maximale Scherfestigkeit	N/mm^2
$R_{m\,max}$	maximale Zugfestigkeit	N/mm^2
S	Scherfläche	mm^2
F	Schneidkraft	N
U	Umfang	mm
s	Blechdicke	mm

maximale Scherfestigkeit

$$\tau_{aB\,max} \approx 0{,}8 \cdot R_{m\,max}$$

Schneidkraft

$$F = S \cdot \tau_{aB\,max}$$

Scherfläche

$$S = U \cdot s$$

Beanspruchung auf Biegung

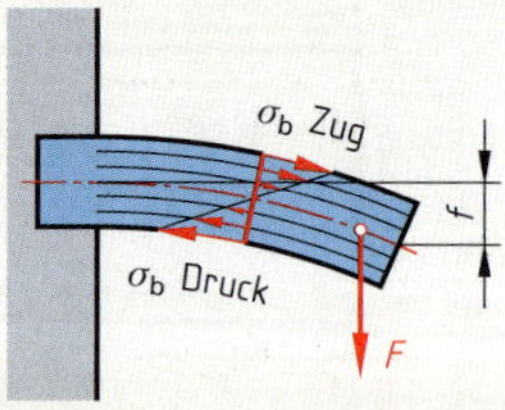

σ_b	Biegespannung	N/mm^2
M_b	Biegemoment	$N \cdot mm$
W	axiales Widerstandsmoment	mm^3
F	Biegekraft	N
f	Durchbiegung	mm

Biegemoment M_b und Durchbiegung f sind abhängig vom jeweiligen Biegebelastungsfall, z.B. einseitig oder zweiseitig eingespannt.

Biegespannung

$$\sigma_b = \frac{M_b}{W}$$

Beanspruchung auf Verdrehung (Torsion)

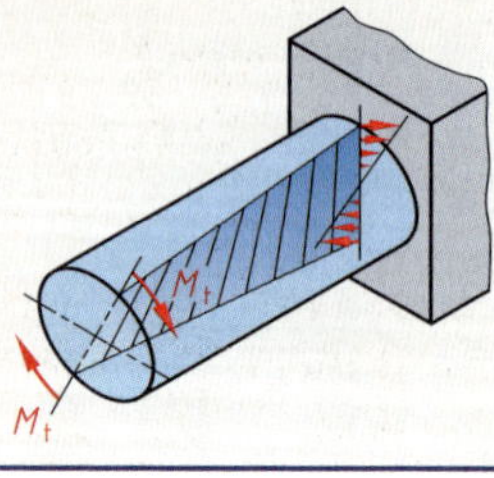

τ_t	Torsionsspannung	N/mm^2
M_t	Torsionsmoment	$N \cdot mm$
W_p	polares Widerstandsmoment	mm^3

Torsionsspannung

$$\tau_t = \frac{M_t}{W_p}$$

Werkstoffprüfung

Zugversuch

Spannungs-Dehnungs-Diagramm mit ausgeprägter Streckgrenze, z.B. bei weichem Stahl

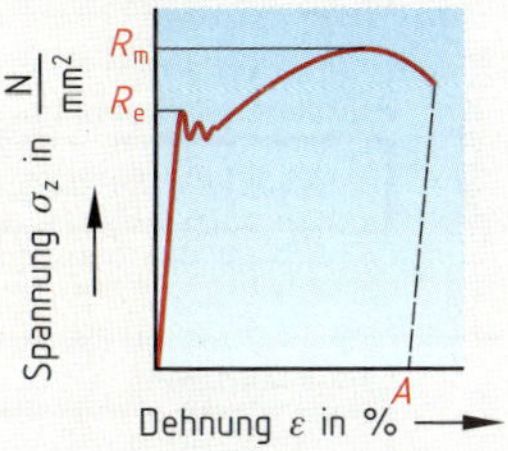

Spannungs-Dehnungs-Diagramm ohne ausgeprägte Streckgrenze, z.B. bei vergütetem Stahl

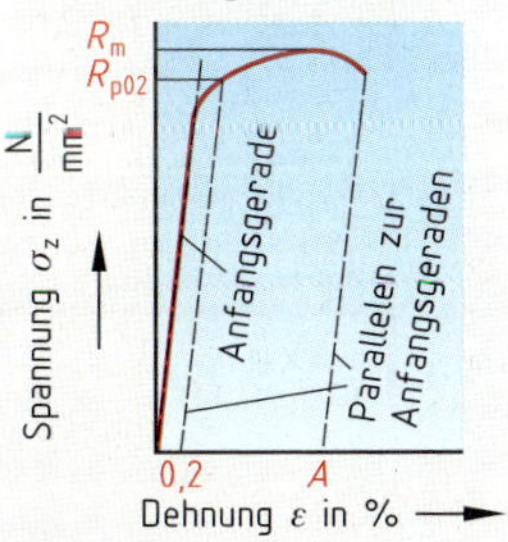

Zugprobe

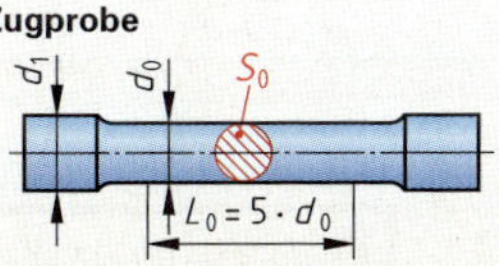

F	Zugkraft	N
F_m	Höchstzugkraft	N
F_e	Zugkraft an der Streckgrenze	N
$F_{p0,2}$	Zugkraft an der Dehngrenze	N
L	Messlänge	mm
L_0	Anfangsmesslänge	mm
L_u	Messlänge nach dem Bruch der Probe	mm
d_0	Anfangsdurchmesser der Probe	mm
S_0	Anfangsquerschnitt der Probe	mm^2
S_u	kleinster Probenquerschnitt nach dem Bruch	mm^2
ε	Dehnung	%
A	Bruchdehnung	%
Z	Brucheinschnürung	%
σ_z	Zugspannung	N/mm^2
R_m	Zugfestigkeit	N/mm^2
R_e	Streckgrenze	N/mm^2
$R_{p0,2}$	Dehngrenze	N/mm^2

Zugspannung

$$\sigma_z = \frac{F}{S_0}$$

$$F = \sigma_z \cdot S_0$$

Zugfestigkeit

$$R_m = \frac{F_m}{S_0}$$

Streckgrenze

$$R_e = \frac{F_e}{S_0}$$

Dehngrenze

$$R_{p0,2} = \frac{F_{p0,2}}{S_0}$$

Dehnung

$$\varepsilon = \frac{L - L_0}{L_0} \cdot 100\,\%$$

Bruchdehnung

$$A = \frac{L_u - L_0}{L_0} \cdot 100\,\%$$

Brucheinschnürung

$$Z = \frac{S_0 - S_u}{S_0} \cdot 100\,\%$$

Bestimmung der Eigenschaften von Kunststoffen bei Zugbeanspruchung

typische Spannungs-Dehnungs-Kurven

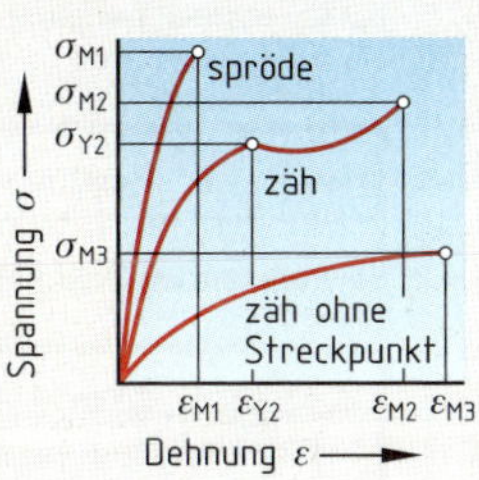

Probekörper

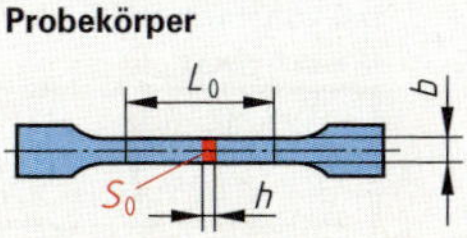

F_M	Höchstkraft	N
F_Y	Streckspannungskraft	N
ΔL_{FM}	Längenänderung bei Höchstkraft	mm
ΔL_{FY}	Längenänderung bei Streckspannungskraft	mm
L_0	Messlänge	mm
S_0	Anfangsquerschnitt	mm^2
σ_M	Zugfestigkeit	N/mm^2
σ_Y	Streckspannung	N/mm^2
ε_M	Höchstdehnung	%
ε_Y	Streckdehnung	%

Zugfestigkeit

$$\sigma_M = \frac{F_M}{S_0}$$

Streckspannung

$$\sigma_Y = \frac{F_Y}{S_0}$$

Höchstdehnung

$$\varepsilon_M = \frac{\Delta L_{FM}}{L_0} \cdot 100\,\%$$

Streckdehnung

$$\varepsilon_Y = \frac{\Delta L_{FY}}{L_0} \cdot 100\,\%$$

Wärmetechnik

Temperatureinheiten

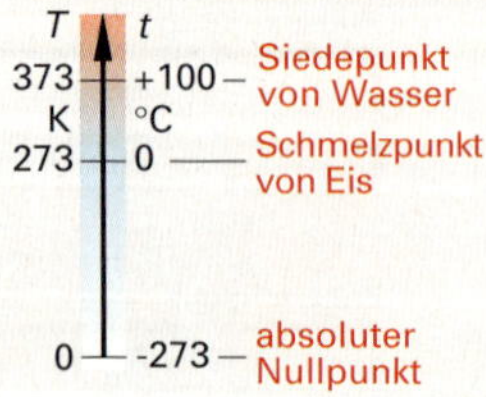

Die thermodynamische Temperatur in Kelvin (K) geht von der tiefstmöglichen Temperatur (vom absoluten Nullpunkt) aus, die Celsiustemperatur vom Schmelzpunkt des Eises.

T	thermodynamische Temperatur	K
t, ϑ	Celsius-Temperatur	°C
t_F	Fahrenheit-Temperatur	°F

Thermodynamische Temperatur

$$T = t + 273$$

$$t = T - 273$$

Fahrenheit-Temperatur

$$t_F = 1{,}8 \cdot t + 32$$

Längenänderung

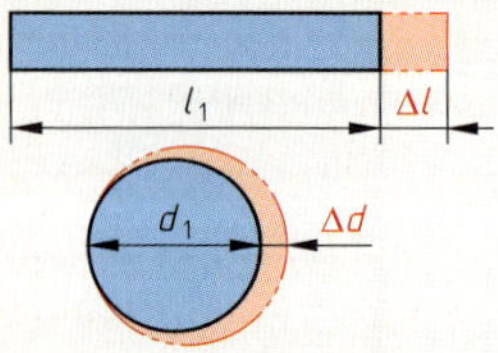

α_l	Längenausdehnungskoeffizient	1/K, 1/°C
Δt, $\Delta\vartheta$	Temperaturänderung	K, °C
Δl	Längenänderung	mm
Δd	Durchmesseränderung	mm
l_1	Anfangslänge	mm
d_1	Anfangsdurchmesser	mm

Längenänderung

$$\Delta l = \alpha_l \cdot l_1 \cdot \Delta t$$

Durchmesseränderung

$$\Delta d = \alpha_l \cdot d_1 \cdot \Delta t$$

Volumenänderung

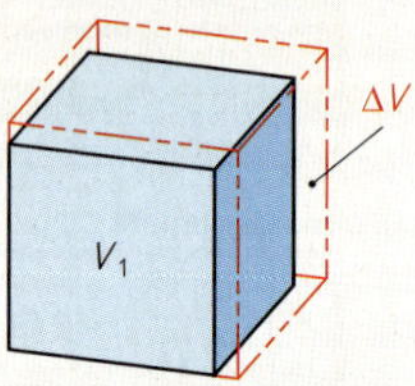

α_V	Volumenausdehnungskoeffizient	1/K, 1/°C
Δt, $\Delta\vartheta$	Temperaturänderung	K, °C
ΔV	Volumenänderung	dm³, l
V_1	Anfangsvolumen	dm³, l

Volumenänderung

$$\Delta V = \alpha_V \cdot V_1 \cdot \Delta t$$

$$\alpha_V \approx 3 \cdot \alpha_l$$

Zustandsänderung von Gasen

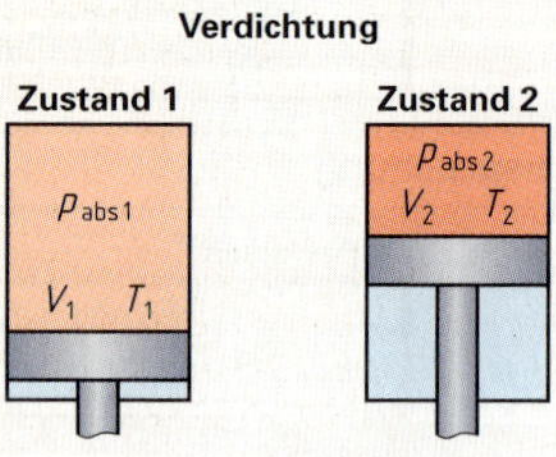

Gesetz von Boyle-Mariotte

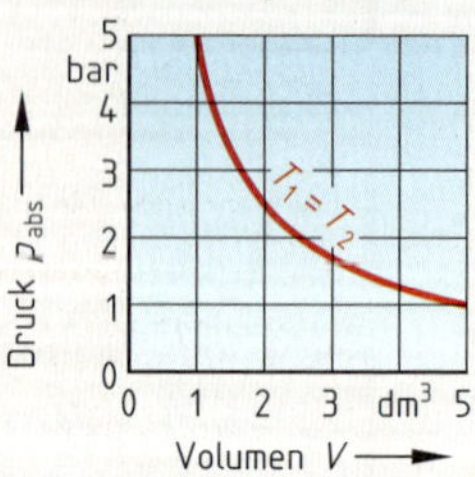

Zustand 1

p_{abs1}	absoluter Druck	bar
V_1	Volumen	dm³, l
T_1	absolute Temperatur	K

Zustand 2

p_{abs2}	absoluter Druck	bar
V_2	Volumen	dm³, l
T_2	absolute Temperatur	K

$1\,l = 1\,dm^3 = 1000\,cm^3 = 0{,}001\,m^3$

Allgemeine Gasgleichung

$$\frac{p_{abs1} \cdot V_1}{T_1} = \frac{p_{abs2} \cdot V_2}{T_2}$$

Sonderfälle:

bei konstanter Temperatur ($T_1 = T_2$): Gesetz von Boyle-Mariotte

$$p_{abs1} \cdot V_1 = p_{abs2} = V_2$$

bei konstantem Volumen ($V_1 = V_2$)

$$\frac{p_{abs1}}{T_1} = \frac{p_{abs2}}{T_2}$$

bei konstantem Druck ($p_{abs1} = p_{abs2}$)

$$\frac{V_1}{T_1} = \frac{V_2}{T_2}$$

Wärmetechnik

Schwindung

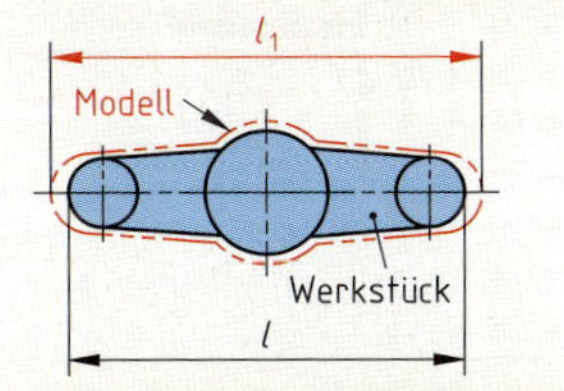

S	Schwindmaß	%
l	Werkstücklänge	mm
l_1	Modelllänge	mm

Modelllänge

$$l_1 = \frac{l \cdot 100\,\%}{100\,\% - S}$$

$$l = \frac{l_1 \cdot (100\,\% - S)}{100\,\%}$$

Wärmemenge bei Temperaturänderung

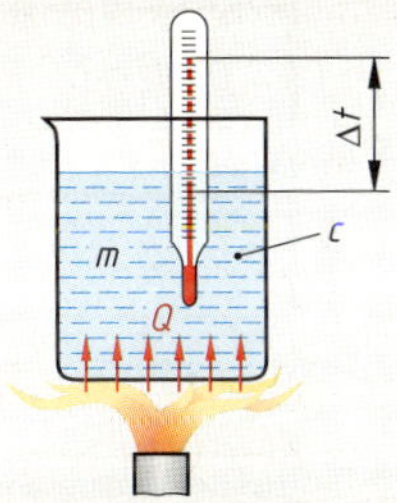

Q	Wärmemenge	kJ
m	Masse	kg
c	spezifische Wärmekapazität	$\frac{\text{kJ}}{\text{kg} \cdot \text{K}}$
Δt, $\Delta\vartheta$	Temperaturänderung	K, °C

Wärmemenge

$$Q = c \cdot m \cdot \Delta t$$

$$\Delta t = \frac{Q}{c \cdot m}$$

Schmelzwärme, Verdampfungswärme

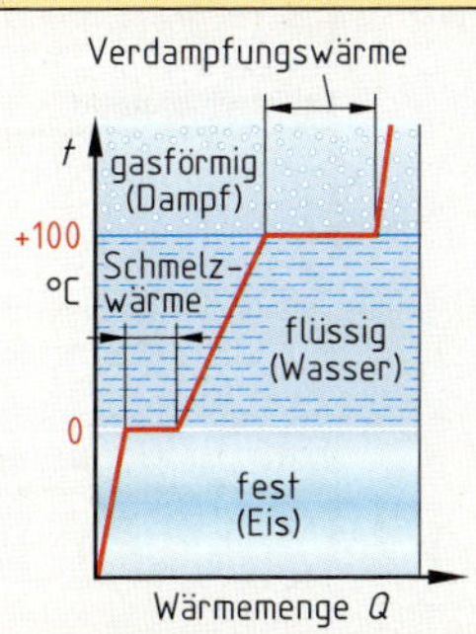

Q	Schmelzwärme, Verdampfungswärme	kJ
q	spezifische Schmelzwärme	kJ/kg
r	spezifische Verdampfungswärme	kJ/kg
m	Masse	kg

Schmelzwärme

$$Q = q \cdot m$$

$$m = \frac{Q}{q}$$

Verdampfungswärme

$$Q = r \cdot m$$

$$m = \frac{Q}{r}$$

Verbrennungswärme

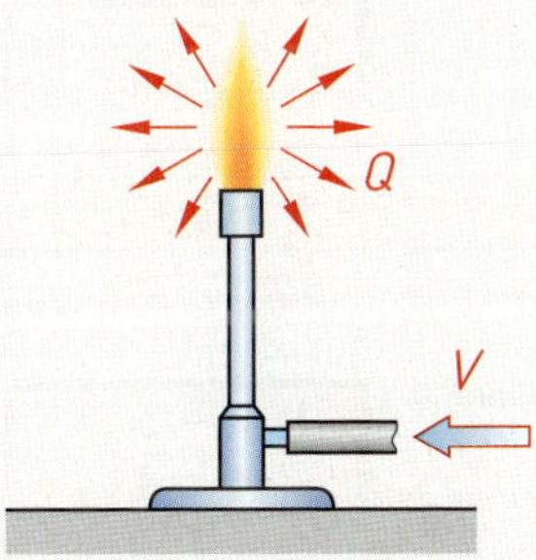

Q	Verbrennungswärme	MJ
H, H_u	spezifischer Heizwert fester und flüssiger Brennstoffe	MJ/kg
H, H_u	spezifischer Heizwert von Gasen	MJ/m^3
m	Masse fester und flüssiger Brennstoffe	kg
V	Volumen von Brenngasen	m^3

Verbrennungswärme fester und flüssiger Stoffe

$$Q = H_u \cdot m$$

$$m = \frac{Q}{H_u}$$

Verbrennungswärme von Gasen

$$Q = H_u \cdot V$$

$$V = \frac{Q}{H_u}$$

Elektrotechnik

Ohm'sches Gesetz

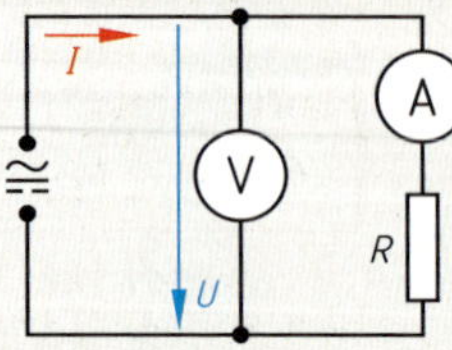

U	Spannung	V
I	Stromstärke	A
R	Widerstand	Ω

$$1\,\Omega = \frac{1\,\text{V}}{1\,\text{A}}$$

Stromstärke

$$I = \frac{U}{R}$$

$$R = \frac{U}{I} \qquad U = I \cdot R$$

Widerstand und Leitwert

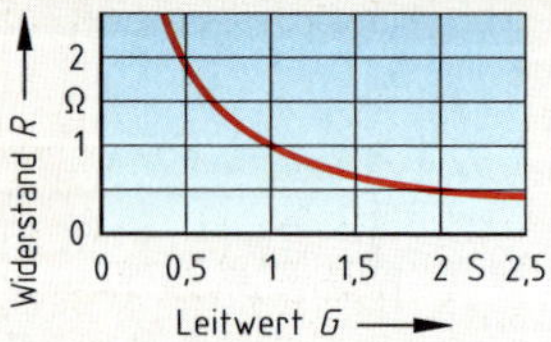

R	Widerstand	Ω
G	Leitwert	S

Widerstand

$$R = \frac{1}{G}$$

Leitwert

$$G = \frac{1}{R}$$

Spezifischer elektrischer Widerstand, elektrische Leitfähigkeit, Leiterwiderstand

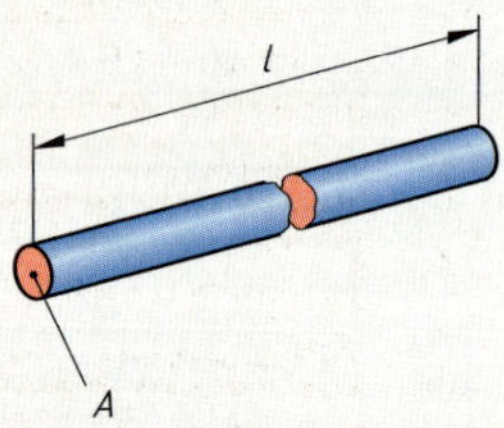

ϱ	spezifischer elektrischer Widerstand	$\Omega \cdot \text{mm}^2/\text{m}$
γ	elektrische Leitfähigkeit	$\text{m}/(\Omega \cdot \text{mm}^2)$
R	Widerstand	Ω
A	Leiterquerschnitt	mm^2
l	Leiterlänge	m

Spezifischer elektrischer Widerstand

$$\varrho = \frac{1}{\gamma}$$

Leiterwiderstand

$$R = \frac{\varrho \cdot l}{A}$$

Widerstand und Temperatur

Temperaturkoeffizient α	
Werkstoff	α in 1/K
Aluminium	0,0040
Blei	0,0039
Gold	0,0037
Kupfer	0,0039
Silber	0,0038
Wolfram	0,0044
Zinn	0,0045
Zink	0,0042
Grafit	– 0,0013
Konstantan	± 0,00001

ΔR	Widerstandsänderung	Ω
R_{20}	Widerstand bei 20 °C	Ω
R_t	Widerstand bei der Temperatur t	Ω
α	Temperaturkoeffizient (T_k-Wert)	1/K
Δt	Temperaturdifferenz	K

Widerstandsänderung

$$\Delta R = \alpha \cdot R_{20} \cdot \Delta t$$

Widerstand bei Temperatur *t*

$$R_t = R_{20} + \Delta R$$

$$R_t = R_{20} \cdot (1 + \alpha \cdot \Delta t)$$

Stromdichte in Leitern

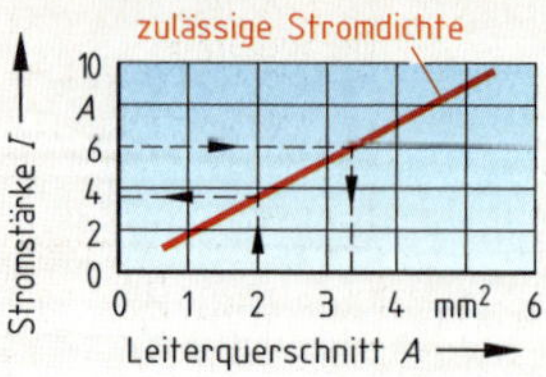

J	Stromdichte	A/mm^2
I	Stromstärke	A
A	Leiterquerschnitt	mm^2

Stromdichte

$$J = \frac{I}{A}$$

Elektrotechnik

Spannungsabfall in Leitern

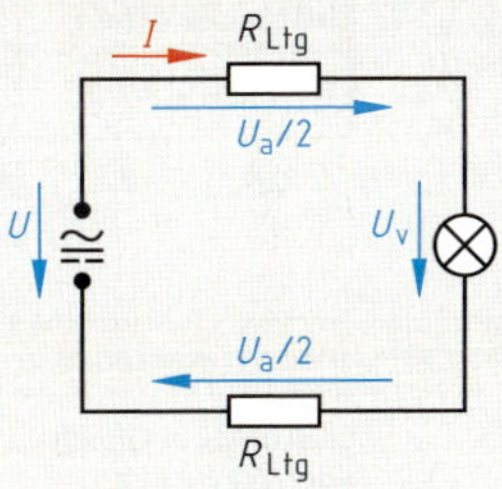

U_a	Spannungsabfall im Leiter	V
U	Klemmenspannung	V
U_v	Spannung am Verbraucher	V
I	Stromstärke	A
R_{Ltg}	Leiterwiderstand für Zuleitung bzw. Rückleitung	Ω

Spannungsabfall

$$U_a = 2 \cdot I \cdot R_{Ltg}$$

Spannung am Verbraucher

$$U_v = U - U_a$$

Reihenschaltung von Widerständen

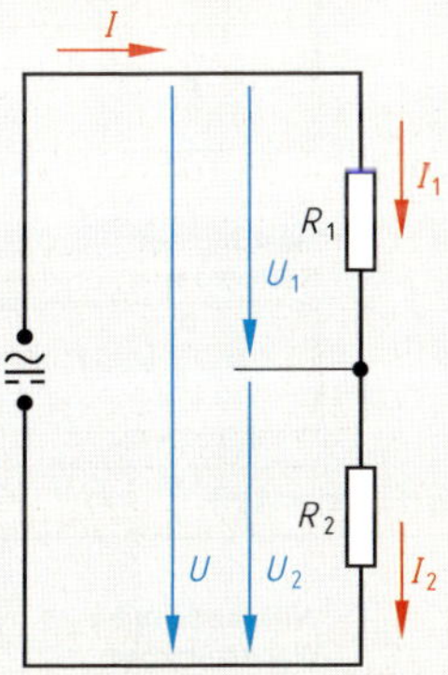

R	Gesamtwiderstand	Ω
I	Gesamtstrom	A
U	Gesamtspannung	V
R_1, R_2	Einzelwiderstände	Ω
I_1, I_2	Teilströme	A
U_1, U_2	Teilspannungen	V

Gesamtwiderstand

$$R = R_1 + R_2 + \ldots$$

Gesamtspannung

$$U = U_1 + U_2 + \ldots$$

Gesamtstrom

$$I = I_1 = I_2 = \ldots$$

Teilspannungen

$$\frac{U_1}{U_2} = \frac{R_1}{R_2}$$

Parallelschaltung von Widerständen

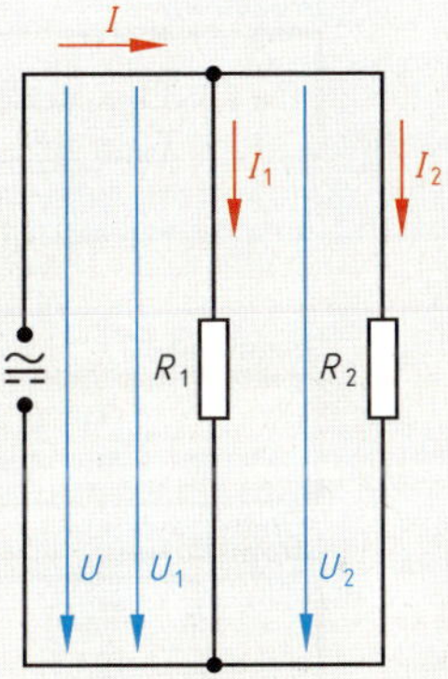

R	Gesamtwiderstand	Ω
I	Gesamtstrom	A
U	Gesamtspannung	V
R_1, R_2	Einzelwiderstände	Ω
I_1, I_2	Teilströme	A
U_1, U_2	Teilspannungen	V

Gesamtwiderstand

$$\frac{1}{R} = \frac{1}{R_1} + \frac{1}{R_2} + \ldots$$

Gesamtwiderstand bei nur 2 Teilwiderständen

$$R = \frac{R_1 \cdot R_2}{R_1 + R_2}$$

Gesamtspannung

$$U = U_1 = U_2 = \ldots$$

Gesamtstrom

$$I = I_1 + I_2 + \ldots$$

Teilströme

$$\frac{I_1}{I_2} = \frac{R_2}{R_1}$$

Elektrotechnik

Elektrische Arbeit

W	elektrische Arbeit	kW·h
P	elektrische Leistung	kW
t	Zeit	h

1 kW·h = 3,6 MJ = 3600000 W·s

Elektrische Arbeit

$$W = P \cdot t$$

$$P = \frac{W}{t} \qquad t = \frac{W}{P}$$

Elektrische Leistung bei Gleichstrom und induktionsfreiem Wechsel- oder Drehstrom

Gleich- oder Wechselstrom

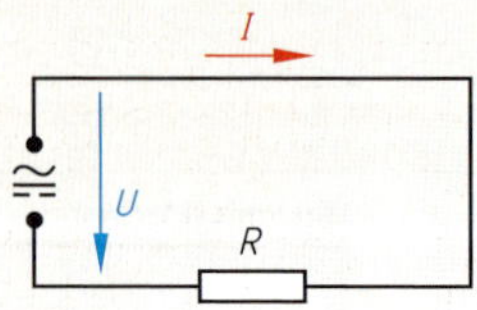

Drehstrom

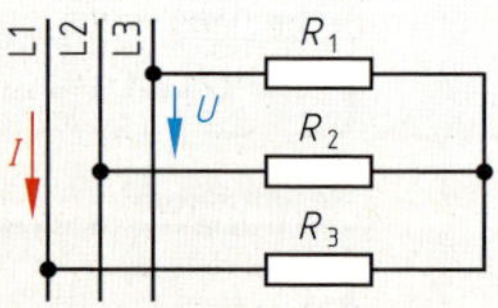

P	elektrische Leistung	W
U	Spannung (Leiterspannung)	V
I	Stromstärke	A
R	Widerstand	Ω

Leistung bei Gleich- oder Wechselstrom

$$P = U \cdot I$$

$$P = I^2 \cdot R$$

$$P = \frac{U^2}{R}$$

Leistung bei Drehstrom

$$P = \sqrt{3} \cdot U \cdot I$$

Elektrische Leistung bei Wechsel- und Drehstrom mit induktivem Lastanteil

Wechselstrom

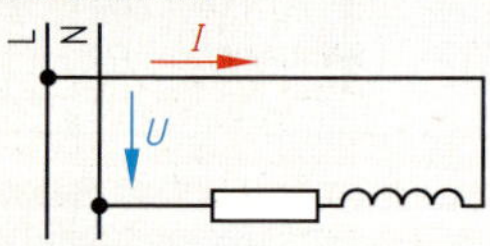

Drehstrom

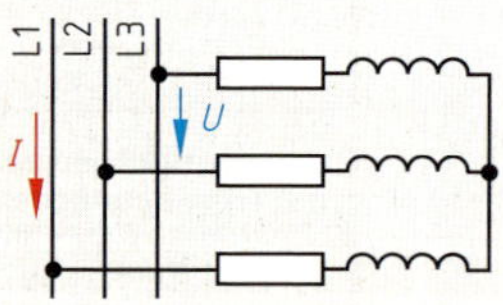

P	Wirkleistung	W
U	Spannung (Leiterspannung)	V
I	Stromstärke	A
$\cos\varphi$	Leistungsfaktor	–

Wirkleistung bei Wechselstrom

$$P = U \cdot I \cdot \cos\varphi$$

Wirkleistung bei Drehstrom

$$P = \sqrt{3} \cdot U \cdot I \cdot \cos\varphi$$

Transformator

Eingangsseite (Primärspule) **Ausgangsseite** (Sekundärspule)

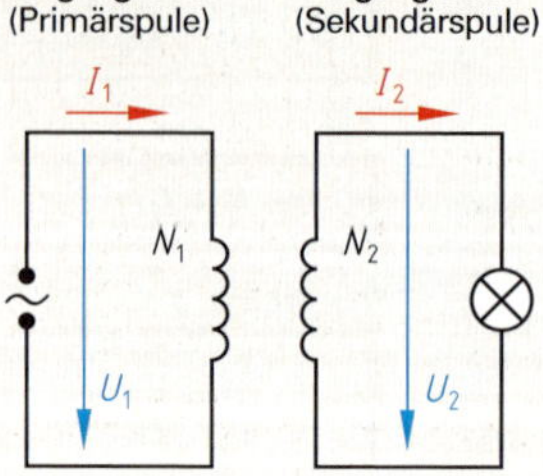

N_1, N_2	Windungszahlen	–
U_1, U_2	Spannungen	V
I_1, I_2	Stromstärken	A

Spannungen

$$\frac{U_1}{U_2} = \frac{N_1}{N_2}$$

Stromstärken

$$\frac{I_1}{I_2} = \frac{N_2}{N_1}$$

$$I_1 = \frac{N_2 \cdot I_2}{N_1} \qquad I_2 = \frac{I_1 \cdot N_1}{N_2}$$

Toleranzen und Passungen

Grenzmaße und Toleranzen für Bohrungen[1]

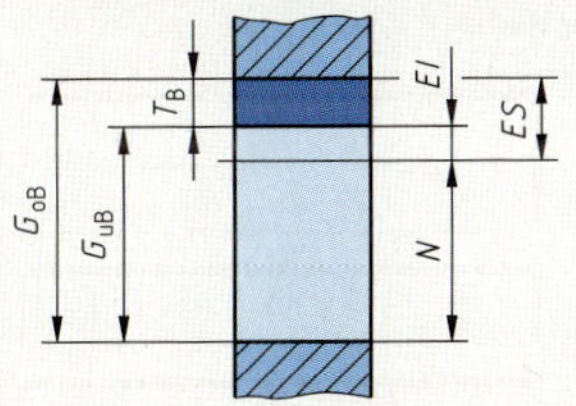

N	Nennmaß	mm
G_{oB}	Höchstmaß Bohrung	mm
G_{uB}	Mindestmaß Bohrung	mm
ES	oberes Abmaß Bohrung	mm
EI	unteres Abmaß Bohrung	mm
T_B	Toleranz Bohrung	mm

Höchstmaß

$$G_{oB} = N + ES$$

Mindestmaß

$$G_{uB} = N + EI$$

Toleranz

$$T_B = ES - EI$$

$$T_B = G_{oB} - G_{uB}$$

Grenzmaße und Toleranzen für Wellen[1]

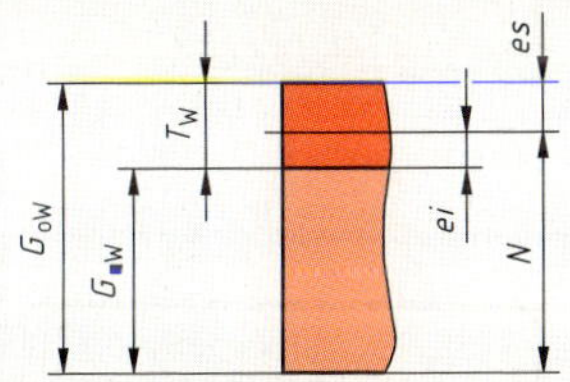

N	Nennmaß	mm
G_{oW}	Höchstmaß Welle	mm
G_{uW}	Mindestmaß Welle	mm
es	oberes Abmaß Welle	mm
ei	unteres Abmaß Welle	mm
T_W	Toleranz Welle	mm

Höchstmaß

$$G_{oW} = N + es$$

Mindestmaß

$$G_{uW} = N + ei$$

Toleranz

$$T_W = es - ei$$

$$T_W = G_{oW} - G_{uW}$$

Passungen

Spielpassung[1]

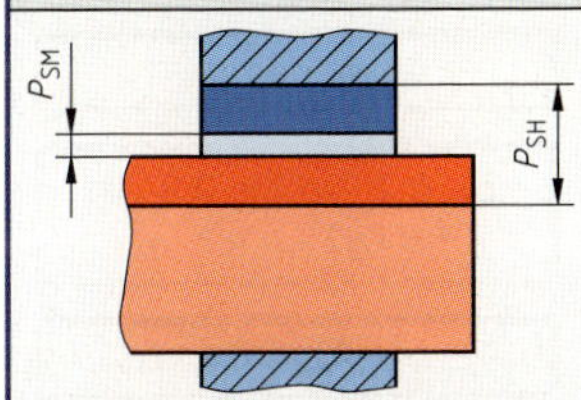

P_{SH}	Höchstspiel	mm
P_{SM}	Mindestspiel	mm

Höchstspiel

$$P_{SH} = G_{oB} - G_{uW}$$

$$P_{SH} = ES - ei$$

Mindestspiel

$$P_{SM} = G_{uB} - G_{oW}$$

$$P_{SM} = EI - es$$

Übergangspassung[1]

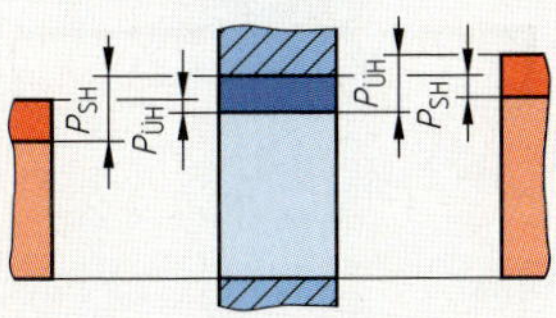

P_{SH}	Höchstspiel	mm
$P_{ÜH}$	Höchstübermaß	mm

Höchstspiel

$$P_{SH} = G_{oB} - G_{uW}$$

$$P_{SH} = ES - ei$$

Höchstübermaß

$$P_{ÜH} = G_{uB} - G_{oW}$$

$$P_{ÜH} = EI - es$$

Übermaßpassung[1]

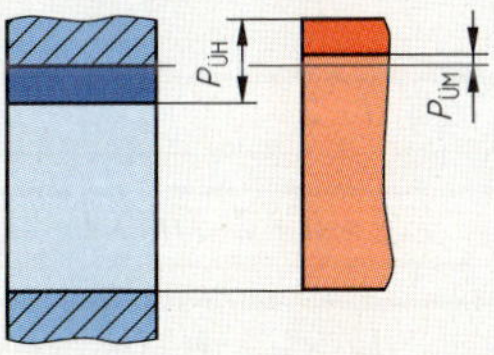

$P_{ÜH}$	Höchstübermaß	mm
$P_{ÜM}$	Mindestübermaß	mm

Höchstübermaß

$$P_{ÜH} = G_{uB} - G_{oW}$$

$$P_{ÜH} = EI - es$$

Mindestübermaß

$$P_{ÜM} = G_{oB} - G_{uW}$$

$$P_{ÜM} = ES - ei$$

[1] Grenzabmaße sind in Tabellen meist in µm angegeben. Zur Berechnung von Grenzmaßen, Toleranzen und Passungen müssen sie zuerst in mm umgerechnet werden.

Zahnradmaße

Nicht korrigierte Stirnräder mit Geradverzahnung

Außenverzahnung

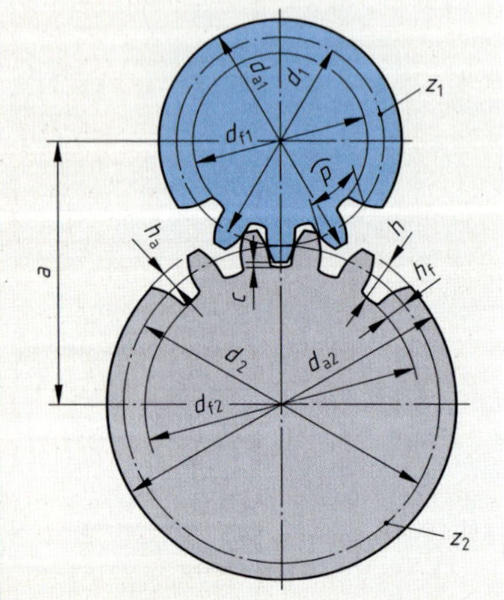

m	Modul	mm
p	Teilung	mm
z, z_1, z_2	Zähnezahlen	–
h	Zahnhöhe	mm
h_a	Zahnkopfhöhe	mm
h_f	Zahnfußhöhe	mm
d, d_1, d_2	Teilkreisdurchmesser	mm
d_a, d_{a1}, d_{a2}	Kopfkreisdurchmesser	mm
d_f, d_{f1}, d_{f2}	Fußkreisdurchmesser	mm
c	Kopfspiel	mm
a	Achsabstand	mm

Innenverzahnung

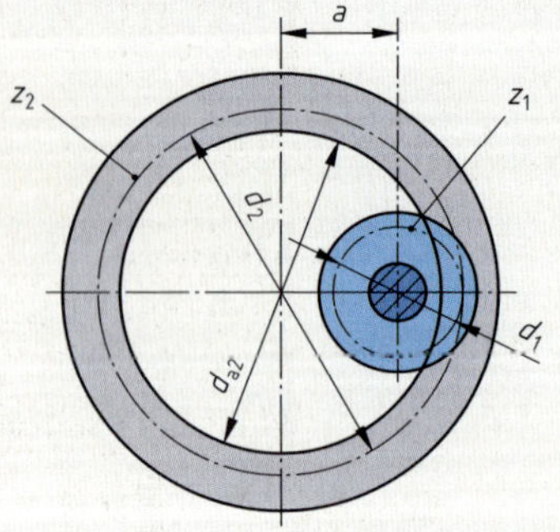

Maße außenverzahnter Räder

Zähnezahl

$$z = \frac{d}{m} = \frac{d_a - 2 \cdot m}{m}$$

Kopfkreisdurchmesser

$$d_a = d + 2 \cdot m = m \cdot (z + 2)$$

Fußkreisdurchmesser

$$d_f = d - 2 \cdot (m + c)$$

Achsabstand

$$a = \frac{d_1 + d_2}{2} = \frac{m \cdot (z_1 + z_2)}{2}$$

Gemeinsame Maße innen- und außenverzahnter Räder

Modul

$$m = \frac{p}{\pi} = \frac{d}{z}$$

Teilung

$$p = \pi \cdot m$$

Teilkreisdurchmesser

$$d = m \cdot z$$

Kopfspiel

$$c = 0{,}1 \cdot m \text{ bis } 0{,}3 \cdot m$$

häufig $c = 0{,}167 \cdot m$

Zahnkopfhöhe

$$h_a = m$$

Zahnfußhöhe

$$h_f = m + c$$

Zahnhöhe

$$h = 2 \cdot m + c$$

Maße innenverzahnter Räder

Zähnezahl

$$z = \frac{d}{m} = \frac{d_a + 2 \cdot m}{m}$$

Kopfkreisdurchmesser

$$d_a = d - 2 \cdot m = m \cdot (z - 2)$$

Fußkreisdurchmesser

$$d_f = d + 2 \cdot (m + c)$$

Achsabstand

$$a = \frac{d_2 - d_1}{2} = \frac{m \cdot (z_2 - z_1)}{2}$$

Übersetzungen

Zahnradtrieb

einfache Übersetzung

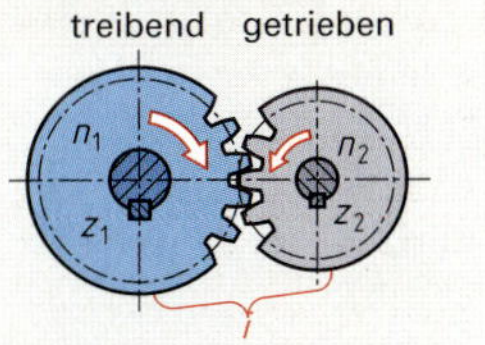

mehrfache Übersetzung

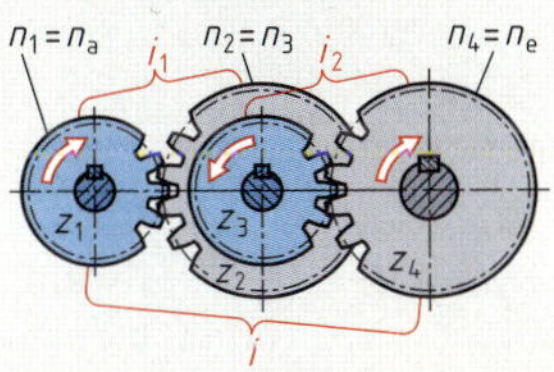

treibende Räder

z_1, z_3, z_5 ...	Zähnezahlen	–
n_1, n_3, n_5 ...	Drehzahlen	1/min
n_a	Anfangsdrehzahl	1/min

getriebene Räder

z_2, z_4, z_6 ...	Zähnezahlen	–
n_2, n_4, n_6 ...	Drehzahlen	1/min
n_e	Enddrehzahl	1/min

für den gesamten Zahnradtrieb

i	Gesamtübersetzungsverhältnis	–
i_1, i_2, i_3 ...	Einzelübersetzungsverhältnisse	–

Drehmomente bei Zahnrädern: Seite 20

Antriebsformel

$$n_1 \cdot z_1 = n_2 \cdot z_2$$

Übersetzungsverhältnis

$$i = \frac{z_2}{z_1} = \frac{n_1}{n_2} = \frac{n_a}{n_e}$$

Gesamtübersetzungsverhältnis

$$i = \frac{z_2 \cdot z_4 \cdot z_6 \ldots}{z_1 \cdot z_3 \cdot z_5 \ldots}$$

$$i = i_1 \cdot i_2 \cdot i_3 \ldots$$

Riementrieb

einfache Übersetzung

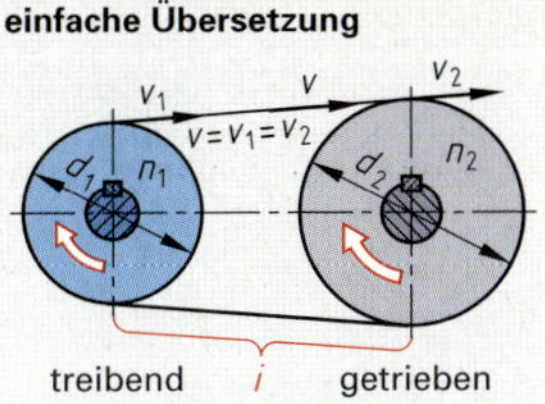

mehrfache Übersetzung

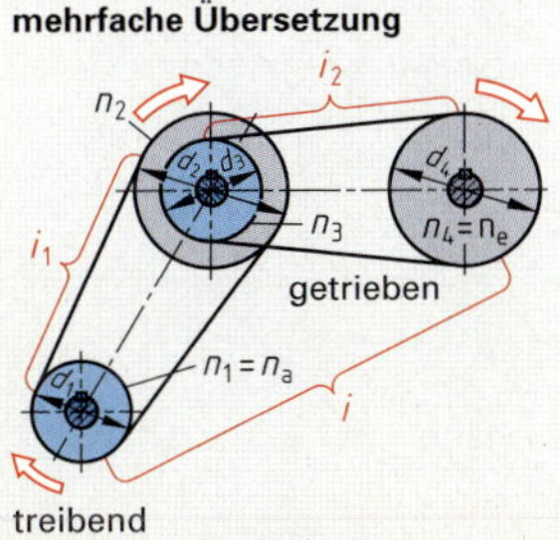

treibende Scheiben

d_1, d_3, d_5 ...	Durchmesser	mm
n_1, n_3, n_5 ...	Drehzahlen	1/min
n_a	Anfangsdrehzahl	1/min

getriebene Scheiben

d_2, d_4, d_6 ...	Durchmesser	mm
n_2, n_4, n_6 ...	Drehzahlen	1/min
n_e	Enddrehzahl	1/min

für den gesamten Riementrieb

i	Gesamtübersetzungsverhältnis	–
i_1, i_2, i_3 ...	Einzelübersetzungsverhältnisse	–
v, v_1, v_2	Umfangsgeschwindigkeiten	m/min

Berechnung der Umfangsgeschwindigkeiten: Seite 18

Geschwindigkeit

$$v = v_1 = v_2$$

Antriebsformel

$$n_1 \cdot d_1 = n_2 \cdot d_2$$

Übersetzungsverhältnis

$$i = \frac{d_2}{d_1} = \frac{n_1}{n_2} = \frac{n_a}{n_e}$$

Gesamtübersetzungsverhältnis

$$i = \frac{d_2 \cdot d_4 \cdot d_6 \ldots}{d_1 \cdot d_3 \cdot d_5 \ldots}$$

$$i = i_1 \cdot i_2 \cdot i_3 \ldots$$

Schneckentrieb

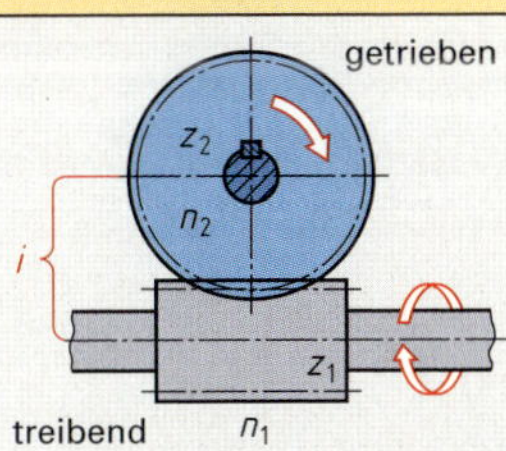

z_1	Zähnezahl (Gangzahl) der Schnecke	–
n_1	Drehzahl der Schnecke	1/min
z_2	Zähnezahl des Schneckenrades	–
n_2	Drehzahl des Schneckenrades	1/min
i	Übersetzungsverhältnis	–

Antriebsformel

$$n_1 \cdot z_1 = n_2 \cdot z_2$$

Übersetzungsverhältnis

$$i = \frac{n_1}{n_2} = \frac{z_2}{z_1}$$

Drehzahldiagramm

n	Drehzahl	1/min
v_c	Schnittgeschwindigkeit	m/min
d	Werkzeug- bzw. Werkstückdurchmesser	m

Drehzahl

$$n = \frac{v_c}{\pi \cdot d}$$

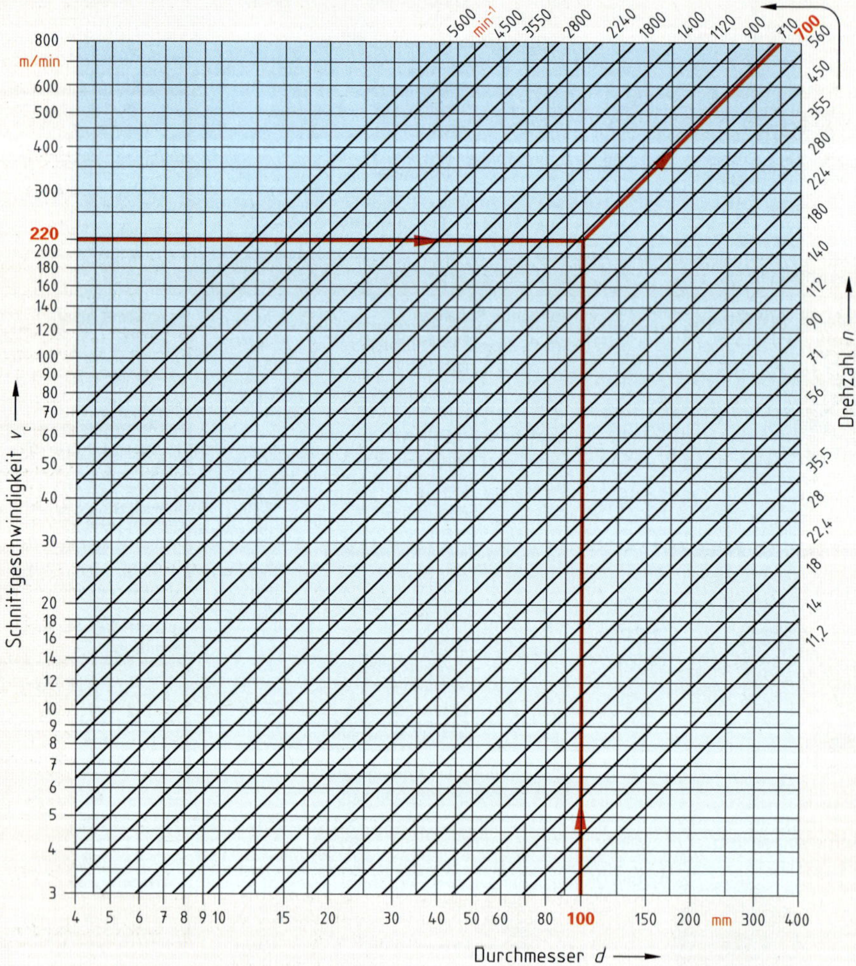

Qualitätsmanagement

Statistische Auswertung (kontinuierliche Merkmale)

Klasse Nr.	Messwert ≥	Messwert <	Strichliste	n_j	h_j in %
1	7,94	7,96	|	1	2,5
2	7,96	7,98	|||	3	7,5
6	8,04	8,06	||	2	5
			Σ =	40	100

$w \approx \frac{R}{k}$

n	Anzahl der Einzelwerte
k	Anzahl der Klassen
w	Klassenweite
R	Spannweite
n_j	absolute Häufigkeit
h_j	relative Häufigkeit

Anzahl der Klassen

$$k \approx \sqrt{n}$$

Relative Häufigkeit

$$h_j = \frac{n_j}{n} \cdot 100\,\%$$

Gauß'sche Normalverteilung

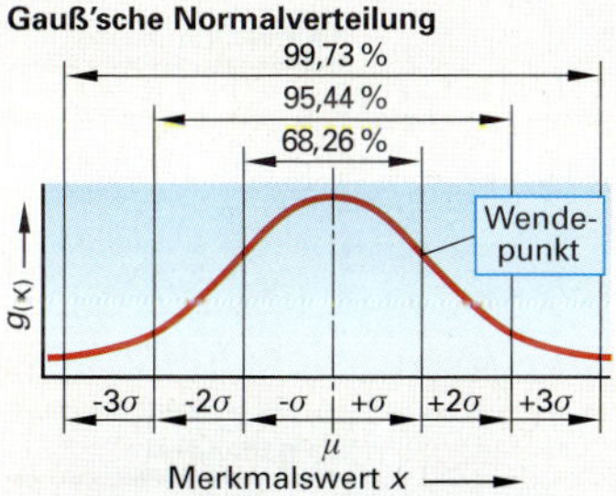

Normalverteilung in Stichproben

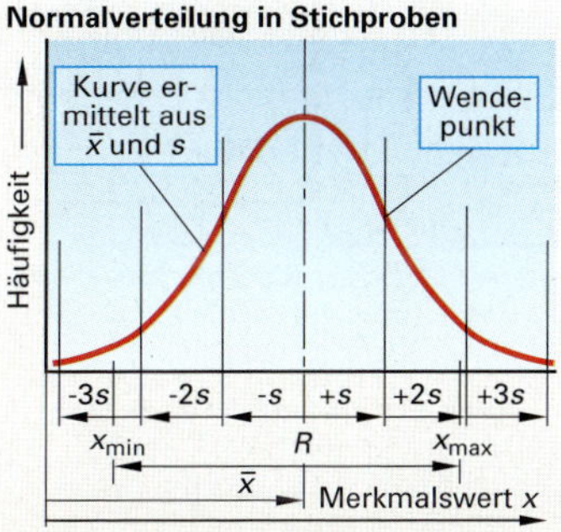

Kennwerte der Stichprobe

n	Anzahl der Einzelwerte (Stichprobenumfang)
x_i	Wert des messbaren Merkmals, z. B. Einzelwert
x_{max}	größter Messwert
x_{min}	kleinster Messwert
$\bar{x}$	Arithmetischer Mittelwert
$\tilde{x}$	Medianwert (Zentralwert), mittlerer Wert der nach Größe geordneten Messwerte
s, σ	Standardabweichung
R	Spannweite
D	Modalwert (häufigster Messwert einer Messreihe)
$g_{(x)}$	Wahrscheinlichkeitsdichte

Kennwerte bei Auswertung mehrerer Stichproben

m	Anzahl der Stichproben
$\bar{R}$	Mittelwert mehrerer Stichprobenspannweiten
$\bar{\bar{x}}$	Mittelwert mehrerer Stichprobenmittelwerte
$\bar{s}$	Mittelwert mehrerer Standardabweichungen

Kennwerte der Grundgesamtheit

$\hat{\mu}$	geschätzter Prozessmittelwert
$\hat{\sigma}$	geschätzte Prozessstandardabweichung

Arithmetischer Mittelwert

$$\bar{x} = \frac{x_1 + x_2 + \ldots + x_n}{n}$$

Standardabweichung

$$s = \sqrt{\frac{\sum (x_i - \bar{x})^2}{n - 1}}$$

Spannweite

$$R = x_{max} - x_{min}$$

Mittelwert mehrerer Stichprobenspannweiten

$$\bar{R} = \frac{R_1 + R_2 + \ldots + R_m}{m}$$

Mittelwert mehrerer Stichprobenmittelwerte

$$\bar{\bar{x}} = \frac{\bar{x}_1 + \bar{x}_2 + \ldots + \bar{x}_m}{m}$$

Mittelwert mehrerer Standardabweichungen

$$\bar{s} = \frac{s_1 + s_2 + \ldots + s_m}{m}$$

Qualitätsfähigkeit von Prozessen

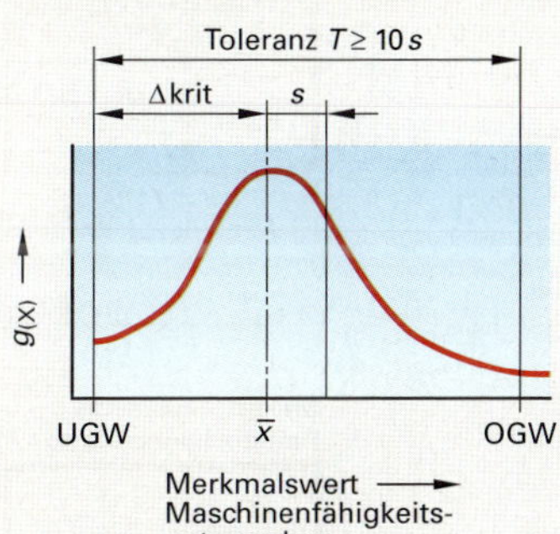

Maschinenfähigkeitsuntersuchung

UGW	unterer Grenzwert
OGW	oberer Grenzwert
T	Toleranz
$(\hat{\sigma})$, s	(geschätzte) Standardabweichung
$\bar{x}$	Arithmetischer Mittelwert
Δkrit	kleinster Abstand zwischen Mittelwert und Toleranzgrenze
C_m, C_{mk}	Maschinenfähigkeitsindex
C_p, C_{pk}	Prozessfähigkeitsindex

[1] Kunden- bzw. auftragsabhängige Forderungen

Nachweisforderungen:[1]
Maschinenfähigkeitsindex

$$C_m = \frac{T}{6 \cdot s} \geq 1{,}67$$

$$C_{mk} = \frac{\Delta krit}{3 \cdot s} \geq 1{,}67$$

Prozessfähigkeitsindex

$$C_p = \frac{T}{6 \cdot \hat{\sigma}} \geq 1{,}33$$

$$C_{pk} = \frac{\Delta krit}{3 \cdot \hat{\sigma}} \geq 1{,}33$$

Kegeldrehen

Bezeichnungen am Kegel

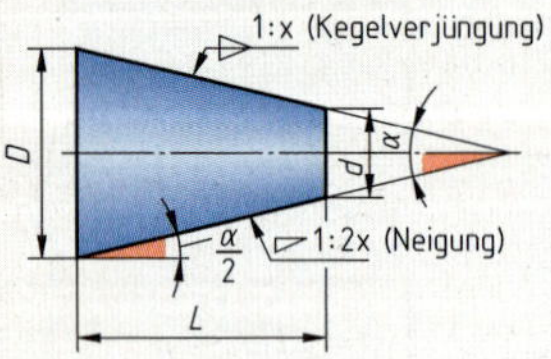

D	großer Kegeldurchmesser	mm
d	kleiner Kegeldurchmesser	mm
L	Kegellänge	mm
α	Kegelwinkel	°
$\alpha/2$	Kegelerzeugungswinkel (Einstellwinkel)	°
C	Kegelverjüngung	–
$C/2$	Kegelneigung	–
$1/x$	Kegelverjüngung	–

Kegel 1 : *x* bedeutet:

Auf eine Kegellänge von *x* mm ändert sich der Kegeldurchmesser um 1 mm.

Kegelverjüngung

$$C = \frac{D-d}{L}$$

$$C = 1 : x$$

$$D = d + L \cdot C$$

$$d = D - L \cdot C$$

Kegelneigung

$$\frac{C}{2} = \frac{D-d}{2 \cdot L}$$

$$\frac{C}{2} = \frac{1}{2 \cdot x}$$

Kegeldrehen durch Einstellen des Oberschlittens

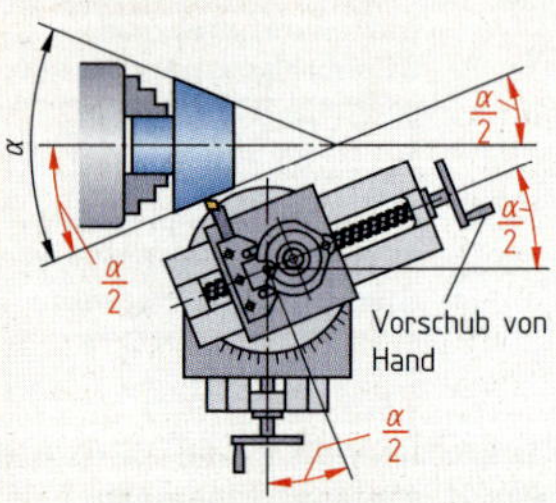

$\alpha/2$	Kegelerzeugungswinkel, Einstellwinkel	°
C	Kegelverjüngung	–
D	großer Kegeldurchmesser	mm
d	kleiner Kegeldurchmesser	mm
L	Kegellänge	mm
$1/x$	Kegelverjüngung	–

Einstellwinkel

$$\tan\frac{\alpha}{2} = \frac{C}{2}$$

$$\tan\frac{\alpha}{2} = \frac{D-d}{2 \cdot L}$$

$$D = 2 \cdot L \cdot \tan\frac{\alpha}{2} + d$$

$$d = D - 2 \cdot L \cdot \tan\frac{\alpha}{2}$$

Kegeldrehen durch Verstellen des Reitstockes

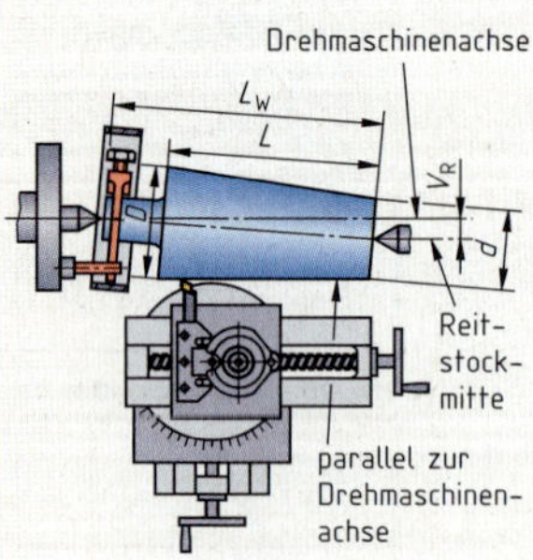

V_R	Reitstockverstellung	mm
$V_{R\,max}$	maximale Reitstockverstellung	mm
C	Kegelverjüngung	–
D	großer Kegeldurchmesser	mm
d	kleiner Kegeldurchmesser	mm
L	Kegellänge	mm
L_W	Werkstücklänge	mm

Reitstockverstellung

$$V_R = \frac{C}{2} \cdot L_W$$

$$V_R = \frac{D-d}{2} \cdot \frac{L_W}{L}$$

$$D = d + \frac{2 \cdot V_R \cdot L}{L_W}$$

$$d = D - \frac{2 \cdot V_R \cdot L}{L_W}$$

Maximal zulässige Reitstockverstellung

$$V_{R\,max} \leq \frac{L_W}{50}$$

Hauptnutzungszeit beim Drehen

Längs-Runddrehen mit konstanter Drehzahl

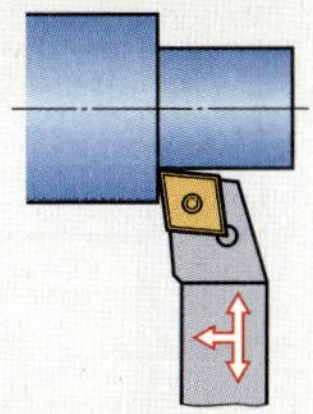

t_h	Hauptnutzungszeit	min
L	Vorschubweg	mm
i	Anzahl der Schnitte	–
n	Drehzahl	1/min
f	Vorschub	mm
v_c	Schnittgeschwindigkeit	m/min
d	Außendurchmesser	m
l_a	Anlauf	mm
l_u	Überlauf	mm

Hauptnutzungszeit

$$t_h = \frac{L \cdot i}{n \cdot f}$$

Drehzahl

$$n = \frac{v_c}{\pi \cdot d}$$

Berechnung des Vorschubweges L

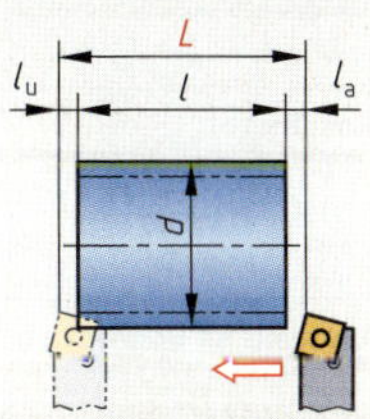

Vorschubweg ohne Ansatz

$$L = l + l_a + l_u$$

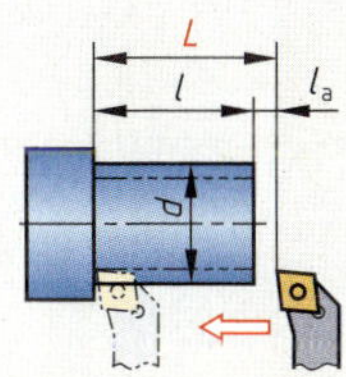

Vorschubweg mit Ansatz

$$L = l + l_a$$

Quer-Plandrehen mit konstanter Drehzahl

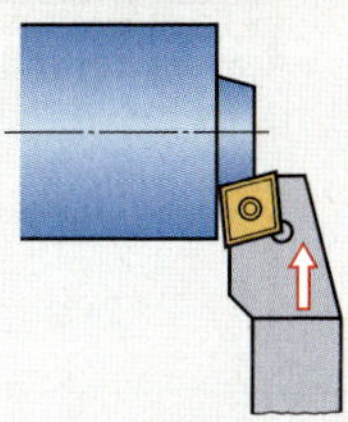

t_h	Hauptnutzungszeit	min
L	Vorschubweg	mm
i	Anzahl der Schnitte	–
n	Drehzahl	1/min
f	Vorschub	mm
v_c	Schnittgeschwindigkeit	m/min
d	Außendurchmesser	mm
d_m	mittlerer Durchmesser[1)]	m (mm)
l_a	Anlauf	mm
l_u	Überlauf	mm

Hauptnutzungszeit

$$t_h = \frac{L \cdot i}{n \cdot f}$$

Drehzahl[1)]

$$n = \frac{v_c}{\pi \cdot d_m}$$

Berechnung des Vorschubweges L und des mittleren Durchmessers d_m

Vollzylinder ohne Ansatz

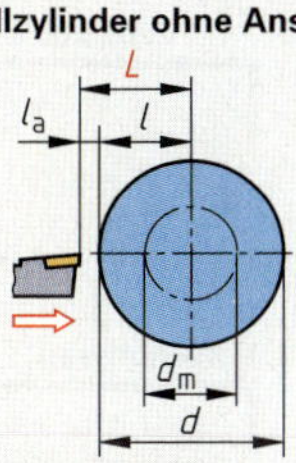

Vorschubweg

$$L = \frac{d}{2} + l_a$$

Mittlerer Durchmesser[1)]

$$d_m = \frac{d}{2}$$

Vollzylinder mit Ansatz

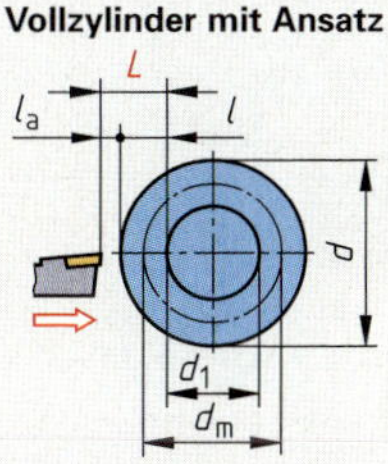

Vorschubweg

$$L = \frac{d - d_1}{2} + l_a$$

Mittlerer Durchmesser[1)]

$$d_m = \frac{d + d_1}{2}$$

Hohlzylinder

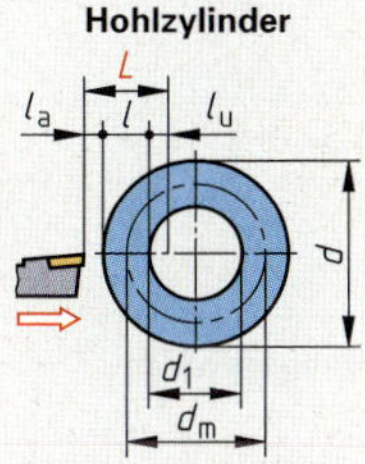

Vorschubweg

$$L = \frac{d - d_1}{2} + l_a + l_u$$

Mittlerer Durchmesser[1)]

$$d_m = \frac{d + d_1}{2}$$

1) Die Verwendung vom mittleren Durchmesser führt zu höheren Schnittgeschwindigkeiten. Damit ist garantiert, dass bei kleineren Durchmessern im Innenbereich noch annehmbare Schnittgeschwindigkeiten herrschen.

Hauptnutzungszeit beim Bohren, Senken, Reiben und Gewindebohren

Hauptnutzungszeit t_h, Drehzahl n

t_h	Hauptnutzungszeit	min	i	Anzahl der Bohrungen	–
d	Werkzeugdurchmesser	m (mm)	n	Drehzahl	1/min
l	Bohrungstiefe	mm	f	Vorschub je Umdrehung	mm
l_a	Anlauf	mm	v_c	Schnittgeschwindigkeit	m/min
l_u	Überlauf	mm	σ	Spitzenwinkel	°
l_s	Anschnitt	mm	P	Steigung	mm
L	Vorschubweg	mm	g	Gangzahl	–

Hauptnutzungszeit

$$t_h = \frac{L \cdot i}{n \cdot f}$$

Drehzahl

$$n = \frac{v_c}{\pi \cdot d}$$

Vorschubweg L und Anschnitt l_s

Durchgangsbohrung beim Bohren und Reiben

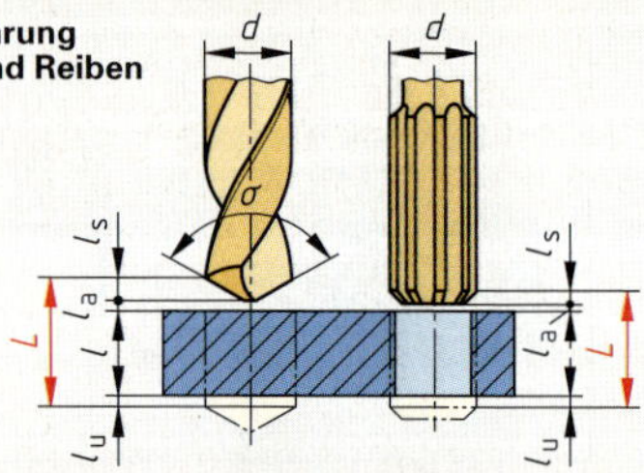

Anschnitt l_s	
σ	l_s
80°	0,6 · d
118°	0,3 · d
130°	0,23 · d
140°	0,18 · d

Vorschubweg

$$L = l + l_s + l_a + l_u$$

Anschnitt

$$l_s = \frac{d}{2 \cdot \tan \frac{\sigma}{2}}$$

Anschnitt für Bohrertyp N

$$l_s \approx 0{,}3 \cdot d$$

Grundlochbohrung beim Bohren und Reiben

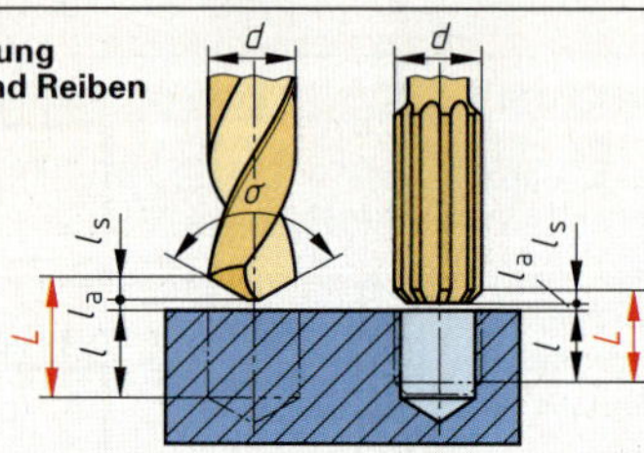

Anschnitt l_s	
σ	l_s
80°	0,6 · d
118°	0,3 · d
130°	0,23 · d
140°	0,18 · d

Vorschubweg

$$L = l + l_s + l_a$$

Anschnitt

$$l_s = \frac{d}{2 \cdot \tan \frac{\sigma}{2}}$$

Senken

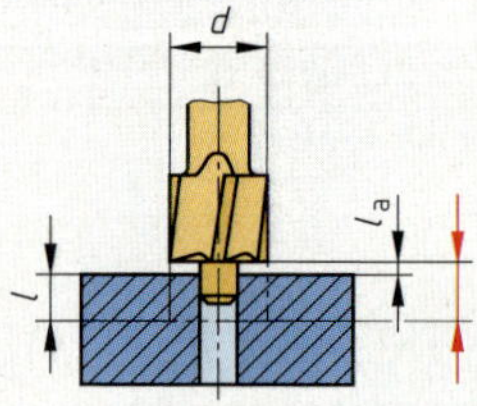

Vorschubweg

$$L = l + l_a$$

Durchgangsgewinde

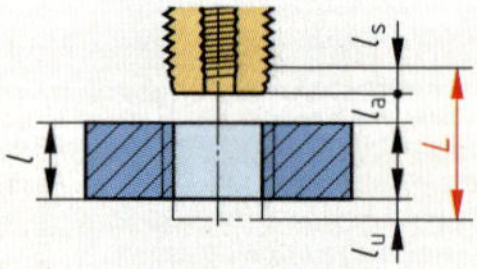

Vorschubweg

$$L = l + l_s + l_a + l_u$$

Anschnitt

$$l_s = g \cdot P$$

Grundlochgewinde

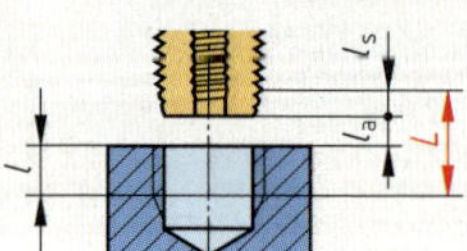

Vorschubweg

$$L = l + l_s + l_a$$

Anschnitt

$$l_s = g \cdot P$$

Hauptnutzungszeit beim Fräsen

Hauptnutzungszeit, Vorschubgeschwindigkeit, Vorschub, Drehzahl

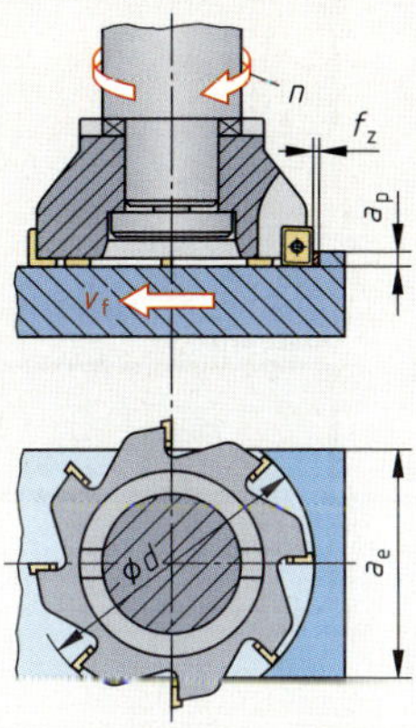

t_h	Hauptnutzungszeit	min
l	Werkstücklänge	mm
a_p	Schnitttiefe	mm
a_e	Schnittbreite (Fräsbreite)	mm
l_a	Anlauf	mm
l_u	Überlauf	mm
l_s	Anschnitt	mm
L	Vorschubweg	mm
d	Fräserdurchmesser	mm
n	Drehzahl	1/min
f	Vorschub je Umdrehung	mm
f_z	Vorschub je Schneide	mm
z	Anzahl der Schneiden	–
v_c	Schnittgeschwindigkeit	m/min
v_f	Vorschub-geschwindigkeit	mm/min

Hauptnutzungszeit

$$t_h = \frac{L \cdot i}{n \cdot f} \qquad t_h = \frac{L \cdot i}{v_f}$$

Vorschub je Umdrehung

$$f = f_z \cdot z$$

Vorschubgeschwindigkeit

$$v_f = n \cdot f \qquad v_f = n \cdot f_z \cdot z$$

Drehzahl

$$n = \frac{v_c}{\pi \cdot d}$$

Vorschubweg L und Anschnitt l_s in Abhängigkeit der Fräsverfahren

Fräsverfahren	Fräserposition	Bild	Berechnung
Stirnfräsen	mittig	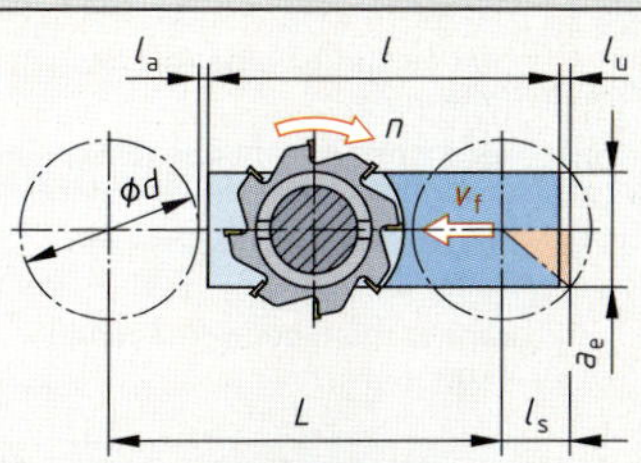	**Vorschubweg** $L = l + 0{,}5 \cdot d + l_a + l_u - l_s$ **Anschnitt** $l_s = 0{,}5 \cdot \sqrt{d^2 - a_e^2}$
Stirnfräsen	außermittig $a_e > 0{,}5 \cdot d$	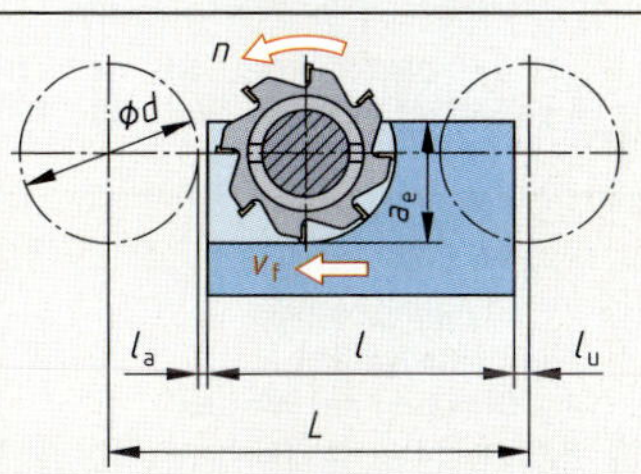	**Vorschubweg** $L = l + 0{,}5 \cdot d + l_a + l_u$
Stirnfräsen	außermittig $a_e < 0{,}5 \cdot d$	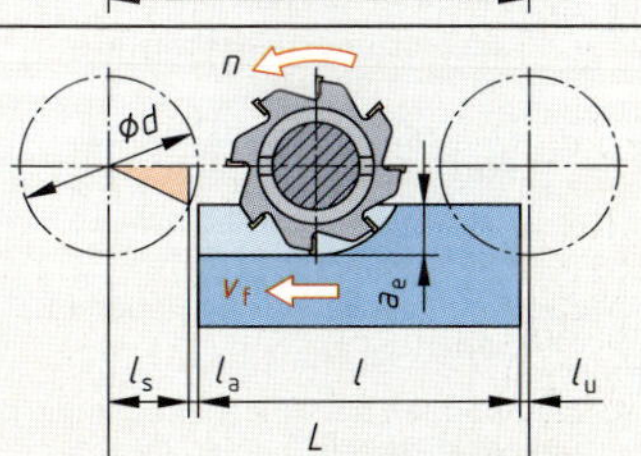	**Vorschubweg** $L = l + l_a + l_u + l_s$ **Anschnitt** $l_s = \sqrt{a_e \cdot d - a_e^2}$
Umfangs-fräsen	–		

Teilen mit dem Teilkopf, Wendelnutenfräsen

Direktes Teilen

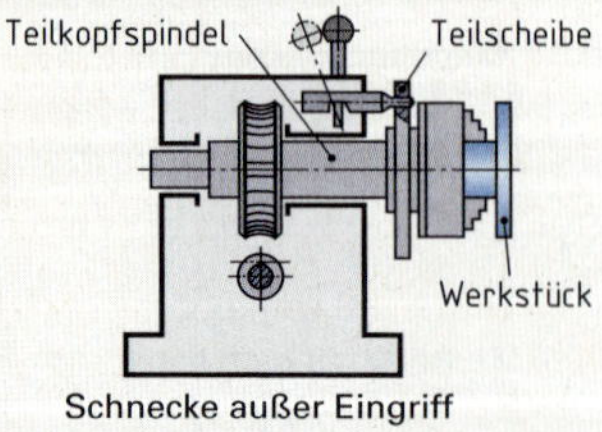

T	Teilzahl	–
α	Winkelteilung	°
n_L	Anzahl der Löcher der Teilscheibe	–
n_l	Teilschritt; Anzahl der weiterzuschaltenden Lochabstände	–

Teilschritt

$$n_l = \frac{n_L}{T}$$

$$n_l = \frac{\alpha \cdot n_L}{360^\circ}$$

$$\alpha = \frac{n_l \cdot 360^\circ}{n_L}$$

Indirektes Teilen

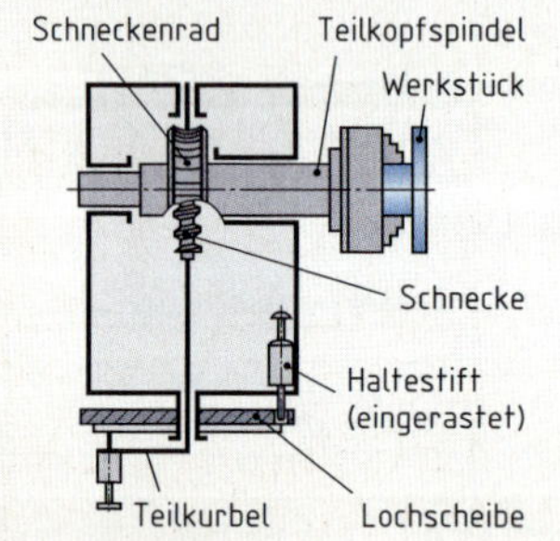

T	Teilzahl	–
α	Winkelteilung	°
i	Übersetzungsverhältnis des Teilkopfs	–
n_K	Teilschritt; Anzahl der Teilkurbelumdrehungen für eine Teilung	–

Lochkreise der Teilscheiben

15 16 17 18 19 20 21 23 27 29 31 33 37 39 41 43 47 49

oder

17 19 23 24 26 27 28 29 30 31 33 37 39 41 42 43 47 49 51 53 57 59 61 63

Teilschritt

$$n_K = \frac{i}{T}$$

$$n_K = \frac{i \cdot \alpha}{360^\circ}$$

$$\alpha = \frac{n_K \cdot 360^\circ}{i}$$

Ausgleichsteilen (Differenzialteilen)

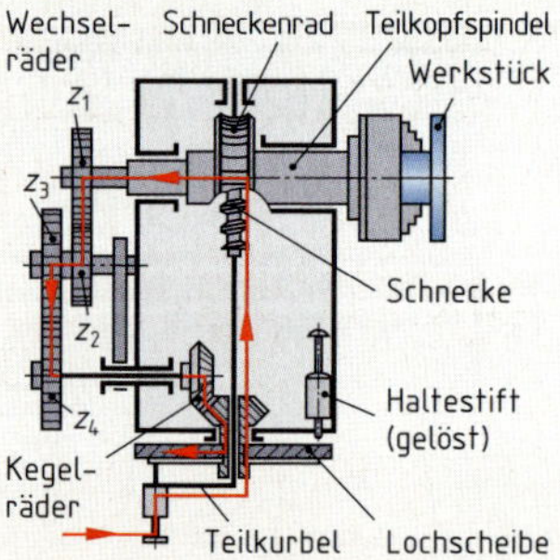

T	Teilung	–
T'	Hilfsteilzahl	–
i	Übersetzungsverhältnis des Teilkopfes	–
n_K	Teilschritt; Anzahl der Teilkurbelumdrehungen für eine Teilung	–
z_t	Zähnezahlen der treibenden Räder (z_1, z_3)	–
z_g	Zähnezahlen der getriebenen Räder (z_2, z_4)	–

Zähnezahlen der Wechselräder

24	24	28	32	36	40	44	48
56	64	72	80	84	86	96	100

Teilschritt

$$n_K = \frac{i}{T'}$$

Wechselräder

$$\frac{z_t}{z_g} = \frac{i}{T'} \cdot (T' - T)$$

Wendelnutenfräsen

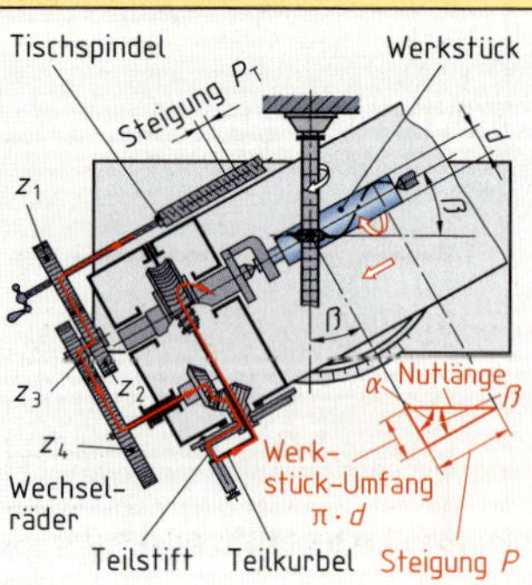

α	Steigungswinkel	°
β	Einstellwinkel	°
P	Steigung der Wendel	mm
P_T	Steigung der Tischspindel	mm
i	Übersetzungsverhältnis des Schneckentriebes	–
i_1	Übersetzungsverhältnis der Kegelräder	–
z_t	Zähnezahlen der treibenden Räder (z_1, z_3)	–
z_g	Zähnezahlen der getriebenen Räder (z_2, z_4)	–

Zähnezahlen der Wechselräder wie beim Ausgleichsteilen.

Steigungswinkel

$$\tan \alpha = \frac{P}{\pi \cdot d}$$

$$P = \pi \cdot d \cdot \tan \alpha$$

Einstellwinkel

$$\beta = 90^\circ - \alpha$$

Wechselräder

$$\frac{z_t}{z_g} = \frac{P_T \cdot i \cdot i_1}{P}$$

Kräfte und Leistungen beim Zerspanen

Drehen

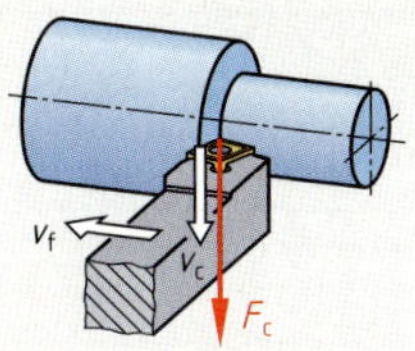

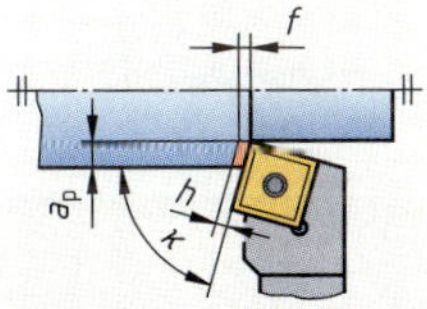

F_c	Schnittkraft	N
A	Spanungsquerschnitt	mm²
a_p	Schnitttiefe	mm
f	Vorschub	mm
h	Spanungsdicke	mm
$\varkappa$	Einstellwinkel	°
k_c	spezifische Schnittkraft	N/mm²
C	Korrekturfaktor für die Schnittgeschwindigkeit	–
v_c	Schnittgeschwindigkeit	m/min
P_c	Schnittleistung	N·m/s, kW
P_1	Antriebsleistung der Maschine	N·m/s, kW
η	Wirkungsgrad der Maschine	–

Umrechnungen:

$$1\ \text{kW} = 1000\ \frac{\text{N}\cdot\text{m}}{\text{s}};\quad 1\ \frac{\text{m}}{\text{min}} = \frac{1\ \text{m}}{60\ \text{s}}$$

Schnittkraft

$$F_c = A \cdot k_c \cdot C$$

Spanungsquerschnitt

$$A = a_p \cdot f$$

Spanungsdicke

$$h = f \cdot \sin\varkappa$$

Schnittleistung

$$P_c = F_c \cdot v_c$$

Antriebsleistung

$$P_1 = \frac{P_c}{\eta}$$

Bohren

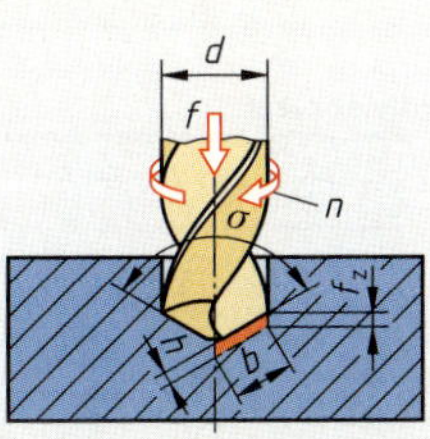

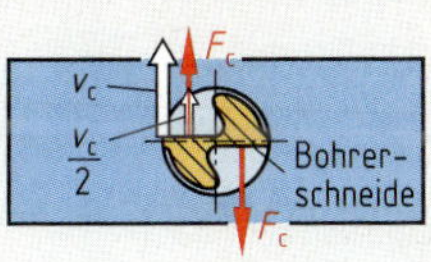

F_c	Schnittkraft je Schneide	N
A	Spanungsquerschnitt je Schneide	mm²
z	Anzahl der Schneiden (Spiralbohrer $z = 2$)	–
d	Bohrerdurchmesser	mm
σ	Spitzenwinkel	°
f	Vorschub je Umdrehung	mm
h	Spanungsdicke	mm
k_c	spezifische Schnittkraft	N/mm²
C	Korrekturfaktor für die Schnittgeschwindigkeit	–
v_c	Schnittgeschwindigkeit	m/min
P_c	Schnittleistung	N·m/s, kW
P_1	Antriebsleistung der Maschine	N·m/s, kW
η	Wirkungsgrad der Maschine	–

Umrechnungen:

$$1\ \text{kW} = 1000\ \frac{\text{N}\cdot\text{m}}{\text{s}};\quad 1\ \frac{\text{m}}{\text{min}} = \frac{1\ \text{m}}{60\ \text{s}}$$

Schnittkraft je Schneide[1]

$$F_c = 1{,}2 \cdot A \cdot k_c \cdot C$$

Spanungsquerschnitt je Schneide

$$A = \frac{d \cdot f}{4}$$

Spanungsdicke

$$h = \frac{f}{2} \cdot \sin\frac{\sigma}{2}$$

Schnittleistung

$$P_c = \frac{z \cdot F_c \cdot v_c}{2}$$

Antriebsleistung

$$P_1 = \frac{P_c}{\eta}$$

[1] Die Werte der spezifischen Schnittkraft k_c werden in Drehversuchen ermittelt. Die Umrechnung auf das Bohren erfolgt durch den Faktor 1,2 in der Formel.

Druck, Auftrieb, Luftverbrauch

Druck

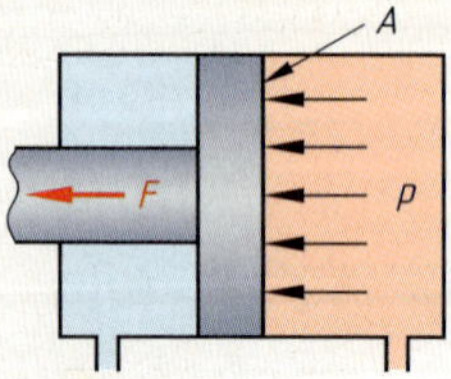

p	Druck	N/cm²
F	Kolbenkraft	N
A	Kolbenfläche	cm²

$1\ \text{bar} = 10\ \frac{\text{N}}{\text{cm}^2} = 1000\ \frac{\text{N}}{\text{dm}^2} = 100\,000\ \text{Pa}$

$1\ \text{Pa} = 1\ \frac{\text{N}}{\text{m}^2} = 10^{-5}\ \text{bar}$

Druck

$$p = \frac{F}{A}$$

$F = p \cdot A \qquad A = \frac{F}{p}$

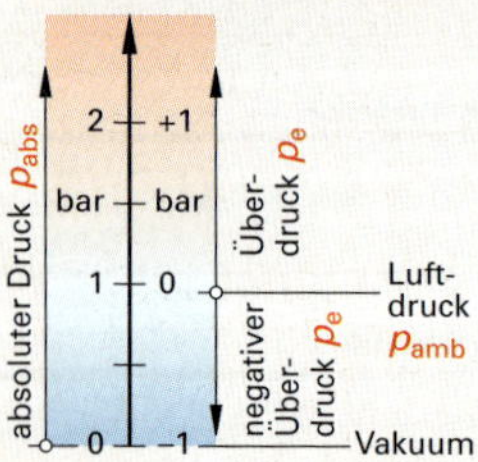

p_e	Überdruck	bar
p_{abs}	absoluter Druck	bar
p_{amb}	Luftdruck	bar

$p_{amb} \approx 1\ \text{bar}$

Überdruck

$$p_e = p_{abs} - p_{amb}$$

$p_{abs} = p_e + p_{amb}$

$p_{amb} = p_{abs} - p_e$

Überdruck, Luftdruck, absoluter Druck

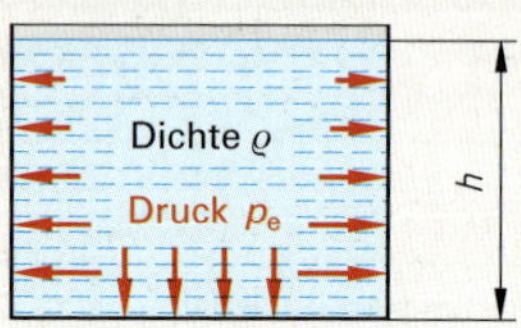

p_e	hydrostatischer Druck	N/dm²
ϱ	Dichte der Flüssigkeit	kg/dm³
g	Fallbeschleunigung	m/s²
h	Flüssigkeitstiefe	dm

$1\ \frac{\text{N}}{\text{m}^2} = 0{,}01\ \frac{\text{N}}{\text{dm}^2} = 1\ \text{Pa} = 10^{-5}\ \text{bar}$

$1\ \frac{\text{g}}{\text{cm}^3} = 1\ \frac{\text{kg}}{\text{dm}^3} = 1\ \frac{\text{t}}{\text{m}^3}$

Hydrostatischer Druck

$$p_e = g \cdot \varrho \cdot h$$

$h = \frac{p_e}{g \cdot \varrho}$

Auftrieb in Flüssigkeiten

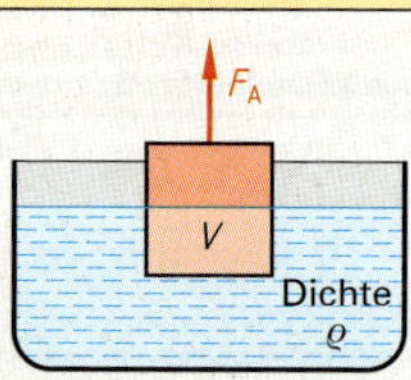

F_A	Auftriebskraft	N
ϱ	Dichte der Flüssigkeit	kg/dm³
g	Fallbeschleunigung	m/s²
V	Eintauchvolumen	dm³, l

$1\ \frac{\text{g}}{\text{cm}^3} = 1\ \frac{\text{kg}}{\text{dm}^3} = 1\ \frac{\text{t}}{\text{m}^3}$

Auftriebskraft

$$F_A = g \cdot \varrho \cdot V$$

$V = \frac{F_A}{g \cdot \varrho}$

Luftverbrauch pneumatischer Zylinder

Einfachwirkender Zylinder (EZ)

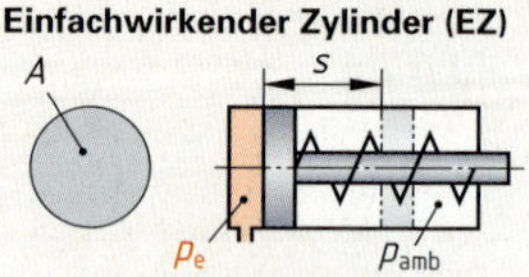

Doppeltwirkender Zylinder (DZ)

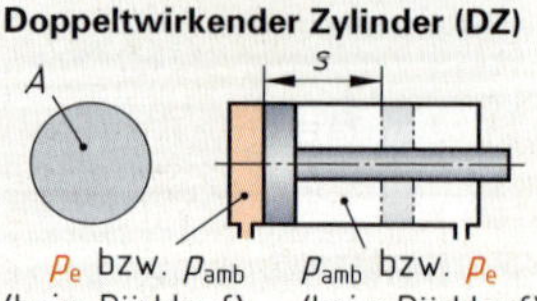

Q	Luftverbrauch	l/min
p_e	Überdruck	bar
p_{amb}	Luftdruck	bar
s	Kolbenhub	dm
n	Hubzahl	1/min
A	Kolbenfläche	dm²
q	spezifischer Luftverbrauch je dm Kolbenhub	l/dm

$1\ \text{bar} = 1000\ \frac{\text{N}}{\text{dm}^2} \qquad 1\ \frac{\text{N}}{\text{dm}^2} = 0{,}001\ \text{bar}$

$1\ \frac{\text{l}}{\text{min}} = 1\ \frac{\text{dm}^3}{\text{min}} = 1000\ \frac{\text{cm}^3}{\text{min}}$

Luftverbrauch (EZ)

$$Q = A \cdot s \cdot n \cdot \frac{p_e + p_{amb}}{p_{amb}}$$

$$Q = q \cdot s \cdot n$$

Luftverbrauch (DZ)

$$Q \approx 2 \cdot A \cdot s \cdot n \cdot \frac{p_e + p_{amb}}{p_{amb}}$$

$$Q \approx 2 \cdot q \cdot s \cdot n$$

Hydraulik und Pneumatik

Durchflussgeschwindigkeiten

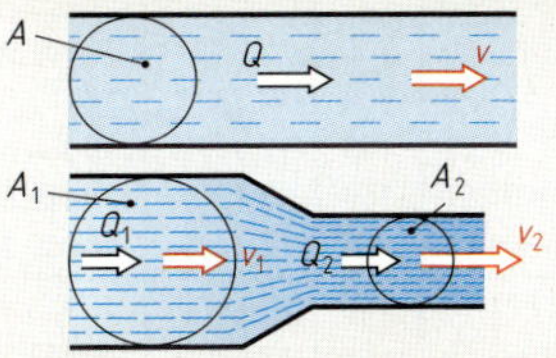

Q, Q_1, Q_2	Volumenströme	l/min = dm^3/min
A, A_1, A_2	Querschnittsflächen	dm^2
v, v_1, v_2	Durchfluss-geschwindigkeiten	dm/min

Volumenstrom

$$Q = A \cdot v$$

Verhältnis der Durchflussgeschwindigkeiten

$$\frac{v_1}{v_2} = \frac{A_2}{A_1}$$

Geschwindigkeit von Hydraulikkolben

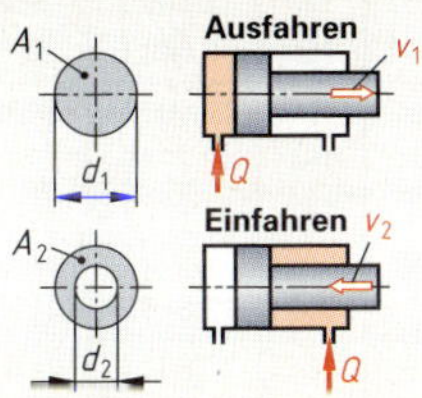

Q	Volumenstrom	l/min = dm^3/min
A_1, A_2	wirksame Kolbenflächen	dm^2
v_1, v_2	Kolben-geschwindigkeiten	dm/min

Kolbengeschwindigkeit beim Ausfahren

$$v_1 = \frac{Q}{A_1}$$

beim Einfahren

$$v_2 = \frac{Q}{A_2}$$

Kolbenkräfte

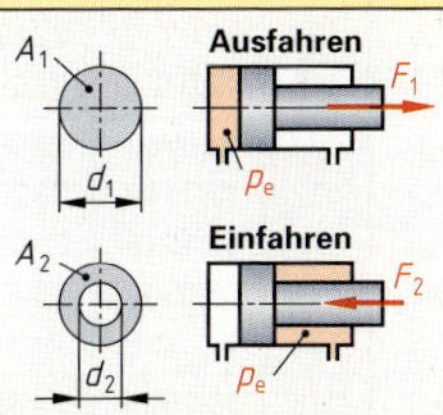

p_e	Überdruck	N/cm^2
A_1, A_2	wirksame Kolbenflächen	cm^2
F_1, F_2	wirksame Kolbenkräfte	N
η	Wirkungsgrad des Zylinders	–

$$1 \text{ bar} = 10 \frac{N}{cm^2} = 1000 \frac{N}{dm^2}$$

Wirksame Kolbenkraft beim Ausfahren

$$F_1 = p_e \cdot A_1 \cdot \eta$$

beim Einfahren

$$F_2 = p_e \cdot A_2 \cdot \eta$$

Hydraulische Presse

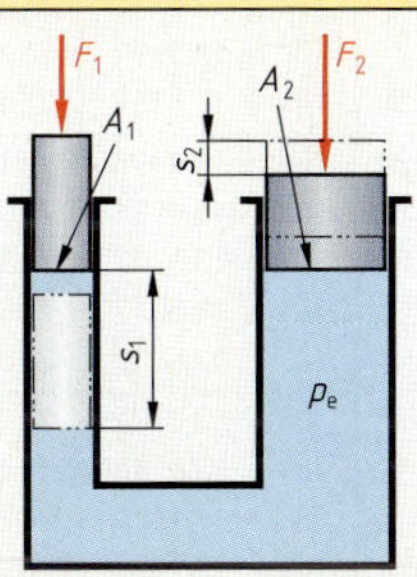

F_1	Kraft am Druckkolben	N
F_2	Kraft am Arbeitskolben	N
A_1	Fläche des Druckkolbens	cm^2
A_2	Fläche des Arbeitskolbens	cm^2
s_1	Weg des Druckkolbens	cm
s_2	Weg des Arbeitskolbens	cm
i	hydraulisches Übersetzungsverhältnis	–

Verdrängtes Volumen

$$A_1 \cdot s_1 = A_2 \cdot s_2$$

Arbeit an den beiden Kolben

$$F_1 \cdot s_1 = F_2 \cdot s_2$$

Kräfte-, Flächen- und Weg-Verhältnisse

$$i = \frac{F_1}{F_2} = \frac{A_1}{A_2} = \frac{s_2}{s_1}$$

Leistung von hydraulischen Pumpen

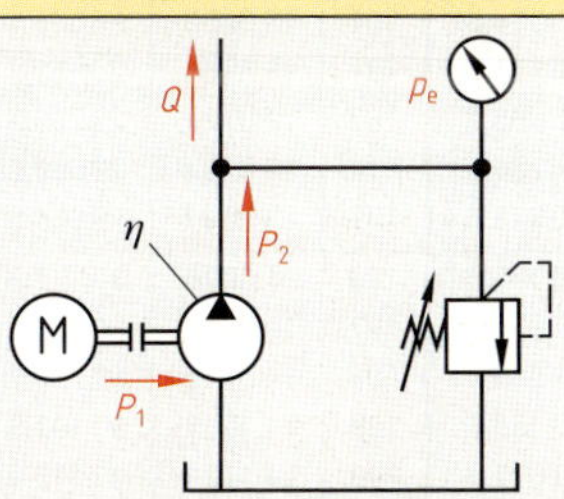

P_1	zugeführte Leistung	kW
P_2	abgegebene Leistung	kW
Q	Volumenstrom	l/min
p_e	Überdruck	bar
M	Drehmoment	N · m
n	Drehzahl	1/min
η	Wirkungsgrad der Pumpe	–
9550 600	Umrechnungs-faktoren	–

Zugeführte Leistung (Zahlenwertgleichung)

$$P_1 = \frac{M \cdot n}{9550}$$

Abgegebene Leistung (Zahlenwertgleichung)

$$P_2 = \frac{Q \cdot p_e}{600}$$

Quadratwurzel, Kreisfläche

d	$\sqrt{d}$	$A = \frac{\pi \cdot d^2}{4}$	d	$\sqrt{d}$	$A = \frac{\pi \cdot d^2}{4}$	d	$\sqrt{d}$	$A = \frac{\pi \cdot d^2}{4}$	d	$\sqrt{d}$	$A = \frac{\pi \cdot d^2}{4}$
1	1,0000	0,7854	51	7,1414	2042,82	101	10,0499	8011,85	151	12,2882	17907,9
2	1,4142	3,1416	52	7,2111	2123,72	102	10,0995	8171,28	152	12,3288	18145,8
3	1,7321	7,0686	53	7,2801	2206,18	103	10,1489	8332,29	153	12,3693	18385,4
4	2,0000	12,5664	54	7,3485	2290,22	104	10,1980	8494,87	154	12,4097	18626,5
5	2,2361	19,6350	55	7,4162	2375,83	105	10,2470	8659,01	155	12,4499	18869,2
6	2,4495	28,2743	56	7,4833	2463,01	106	10,2956	8824,73	156	12,4900	19113,4
7	2,6458	38,4845	57	7,5498	2551,76	107	10,3441	8992,02	157	12,5300	19359,3
8	2,8284	50,2655	58	7,6158	2642,08	108	10,3923	9160,88	158	12,5698	19606,7
9	3,0000	63,6173	59	7,6811	2733,97	109	10,4403	9331,32	159	12,6095	19855,7
10	3,1623	78,5398	**60**	7,7460	2827,43	**110**	10,4881	9503,32	**160**	12,6491	20106,2
11	3,3166	95,0332	61	7,8102	2922,47	111	10,5357	9676,89	161	12,6886	20358,3
12	3,4641	113,097	62	7,8740	3019,07	112	10,5830	9852,03	162	12,7279	20612,0
13	3,6056	132,732	63	7,9373	3117,25	113	10,6301	10028,7	163	12,7671	20867,2
14	3,7417	153,938	64	8,0000	3216,99	114	10,6771	10207,0	164	12,8062	21124,1
15	3,8730	176,715	65	8,0623	3318,31	115	10,7238	10386,9	165	12,8452	21382,5
16	4,0000	201,062	66	8,1240	3421,19	116	10,7703	10568,3	166	12,8841	21642,4
17	4,1231	226,980	67	8,1854	3525,65	117	10,8167	10751,3	167	12,9228	21904,0
18	4,2426	254,469	68	8,2462	3631,68	118	10,8628	10935,9	168	12,9615	22167,1
19	4,3589	283,529	69	8,3066	3739,28	119	10,9087	11122,0	169	13,0000	22431,8
20	4,4721	314,159	**70**	8,3666	3848,45	**120**	10,9545	11309,7	**170**	13,0384	22698,0
21	4,5826	346,361	71	8,4261	3959,19	121	11,0000	11499,0	171	13,0767	22965,8
22	4,6904	380,133	72	8,4853	4071,50	122	11,0454	11689,9	172	13,1149	23235,2
23	4,7958	415,476	73	8,5440	4185,39	123	11,0905	11882,3	173	13,1529	23506,2
24	4,8990	452,389	74	8,6023	4300,84	124	11,1355	12076,3	174	13,1909	23778,7
25	5,0000	490,874	75	8,6603	4417,86	125	11,1803	12271,8	175	13,2288	24052,8
26	5,0990	530,929	76	8,7178	4536,46	126	11,2250	12469,0	176	13,2665	24328,5
27	5,1962	572,555	77	8,7750	4656,63	127	11,2694	12667,7	177	13,3041	24605,7
28	5,2915	615,752	78	8,8318	4778,36	128	11,3137	12868,0	178	13,3417	24884,6
29	5,3852	660,520	79	8,8882	4901,67	129	11,3578	13069,8	179	13,3791	25164,9
30	5,4772	706,858	**80**	8,9443	5026,55	**130**	11,4018	13273,2	**180**	13,4164	25446,9
31	5,5678	754,768	81	9,0000	5153,00	131	11,4455	13478,2	181	13,4536	25730,4
32	5,6569	804,248	82	9,0554	5281,02	132	11,4891	13684,8	182	13,4907	26015,5
33	5,7446	855,299	83	9,1104	5410,61	133	11,5326	13892,9	183	13,5277	26302,2
34	5,8310	907,920	84	9,1652	5541,77	134	11,5758	14102,6	184	13,5647	26590,4
35	5,9161	962,113	85	9,2195	5674,50	135	11,6190	14313,9	185	13,6015	26880,3
36	6,0000	1017,88	86	9,2736	5808,80	136	11,6619	14526,7	186	13,6382	27171,6
37	6,0828	1075,21	87	9,3274	5944,68	137	11,7047	14741,1	187	13,6748	27464,6
38	6,1644	1134,11	88	9,3808	6082,12	138	11,7473	14957,1	188	13,7113	27759,1
39	6,2450	1194,59	89	9,4340	6221,14	139	11,7898	15174,7	189	13,7477	28055,2
40	6,3246	1256,64	**90**	9,4868	6361,73	**140**	11,8322	15393,8	**190**	13,7840	28352,9
41	6,4031	1320,25	91	9,5394	6503,88	141	11,8743	15614,5	191	13,8203	28652,1
42	6,4807	1385,44	92	9,5917	6647,61	142	11,9164	15836,8	192	13,8564	28952,9
43	6,5574	1452,20	93	9,6437	6792,91	143	11,9583	16060,6	193	13,8924	29255,3
44	6,6332	1520,53	94	9,6954	6939,78	144	12,0000	16286,0	194	13,9284	29559,2
45	6,7082	1590,43	95	9,7468	7088,22	145	12,0416	16513,0	195	13,9642	29864,8
46	6,7823	1661,90	96	9,7980	7238,23	146	12,0830	16741,5	196	14,0000	30171,9
47	6,8557	1734,94	97	9,8489	7389,81	147	12,1244	16971,7	197	14,0357	30480,5
48	6,9282	1809,56	98	9,8995	7542,96	148	12,1655	17203,4	198	14,0712	30790,7
49	7,0000	1885,74	99	9,9499	7697,69	149	12,2066	17436,6	199	14,1067	31102,6
50	7,0711	1963,50	**100**	10,0000	7853,98	**150**	12,2474	17671,5	**200**	14,1421	31415,9

Winkelfunktionen Sinus und Kosinus

Sinus 0° … 45°							Sinus 45° … 90°						
Grad ↓	Minuten → 0′	15′	30′	45′	60′		Grad ↓	Minuten → 0′	15′	30′	45′	60′	
0°	0,0000	0,0044	0,0087	0,0131	0,0175	89°	45°	0,7071	0,7102	0,7133	0,7163	0,7193	44°
1°	0,0175	0,0218	0,0262	0,0305	0,0349	88°	46°	0,7193	0,7224	0,7254	0,7284	0,7314	43°
2°	0,0349	0,0393	0,0436	0,0480	0,0523	87°	47°	0,7314	0,7343	0,7373	0,7402	0,7431	42°
3°	0,0523	0,0567	0,0610	0,0654	0,0698	86°	48°	0,7431	0,7461	0,7490	0,7518	0,7547	41°
4°	0,0698	0,0741	0,0785	0,0828	0,0872	85°	49°	0,7547	0,7576	0,7604	0,7632	0,7660	40°
5°	0,0872	0,0915	0,0958	0,1002	0,1045	84°	50°	0,7660	0,7688	0,7716	0,7744	0,7771	39°
6°	0,1045	0,1089	0,1132	0,1175	0,1219	83°	51°	0,7771	0,7799	0,7826	0,7853	0,7880	38°
7°	0,1219	0,1262	0,1305	0,1349	0,1392	82°	52°	0,7880	0,7907	0,7934	0,7960	0,7986	37°
8°	0,1392	0,1435	0,1478	0,1521	0,1564	81°	53°	0,7986	0,8013	0,8039	0,8064	0,8090	36°
9°	0,1564	0,1607	0,1650	0,1693	0,1736	80°	54°	0,8090	0,8116	0,8141	0,8166	0,8192	35°
10°	0,1736	0,1779	0,1822	0,1865	0,1908	79°	55°	0,8192	0,8216	0,8241	0,8266	0,8290	34°
11°	0,1908	0,1951	0,1994	0,2036	0,2079	78°	56°	0,8290	0,8315	0,8339	0,8363	0,8387	33°
12°	0,2079	0,2122	0,2164	0,2207	0,2250	77°	57°	0,8387	0,8410	0,8434	0,8457	0,8480	32°
13°	0,2250	0,2292	0,2334	0,2377	0,2419	76°	58°	0,8480	0,8504	0,8526	0,8549	0,8572	31°
14°	0,2419	0,2462	0,2504	0,2546	0,2588	75°	59°	0,8572	0,8594	0,8616	0,8638	0,8660	30°
15°	0,2588	0,2630	0,2672	0,2714	0,2756	74°	60°	0,8660	0,8682	0,8704	0,8725	0,8746	29°
16°	0,2756	0,2798	0,2840	0,2882	0,2924	73°	61°	0,8746	0,8767	0,8788	0,8809	0,8829	28°
17°	0,2924	0,2965	0,3007	0,3049	0,3090	72°	62°	0,8829	0,8850	0,8870	0,8890	0,8910	27°
18°	0,3090	0,3132	0,3173	0,3214	0,3256	71°	63°	0,8910	0,8930	0,8949	0,8969	0,8988	26°
19°	0,3256	0,3297	0,3338	0,3379	0,3420	70°	64°	0,8988	0,9007	0,9026	0,9045	0,9063	25°
20°	0,3420	0,3461	0,3502	0,3543	0,3584	69°	65°	0,9063	0,9081	0,9100	0,9118	0,9135	24°
21°	0,3584	0,3624	0,3665	0,3706	0,3746	68°	66°	0,9135	0,9153	0,9171	0,9188	0,9205	23°
22°	0,3746	0,3786	0,3827	0,3867	0,3907	67°	67°	0,9205	0,9222	0,9239	0,9255	0,9272	22°
23°	0,3907	0,3947	0,3987	0,4027	0,4067	66°	68°	0,9272	0,9288	0,9304	0,9320	0,9336	21°
24°	0,4067	0,4107	0,4147	0,4187	0,4226	65°	69°	0,9336	0,9351	0,9367	0,9382	0,9397	20°
25°	0,4226	0,4266	0,4305	0,4344	0,4384	64°	70°	0,9397	0,9412	0,9426	0,9441	0,9455	19°
26°	0,4384	0,4423	0,4462	0,4501	0,4540	63°	71°	0,9455	0,9469	0,9483	0,9497	0,9511	18°
27°	0,4540	0,4579	0,4617	0,4656	0,4695	62°	72°	0,9511	0,9524	0,9537	0,9550	0,9563	17°
28°	0,4695	0,4733	0,4772	0,4810	0,4848	61°	73°	0,9563	0,9576	0,9588	0,9600	0,9613	16°
29°	0,4848	0,4886	0,4924	0,4962	0,5000	60°	74°	0,9613	0,9625	0,9636	0,9648	0,9659	15°
30°	0,5000	0,5038	0,5075	0,5113	0,5150	59°	75°	0,9659	0,9670	0,9681	0,9692	0,9703	14°
31°	0,5150	0,5188	0,5225	0,5262	0,5299	58°	76°	0,9703	0,9713	0,9724	0,9734	0,9744	13°
32°	0,5299	0,5336	0,5373	0,5410	0,5446	57°	77°	0,9744	0,9753	0,9763	0,9772	0,9781	12°
33°	0,5446	0,5483	0,5519	0,5556	0,5592	56°	78°	0,9781	0,9790	0,9799	0,9808	0,9816	11°
34°	0,5592	0,5628	0,5664	0,5700	0,5736	55°	79°	0,9816	0,9825	0,9833	0,9840	0,9848	10°
35°	0,5736	0,5771	0,5807	0,5842	0,5878	54°	80°	0,9848	0,9856	0,9863	0,9870	0,9877	9°
36°	0,5878	0,5913	0,5948	0,5983	0,6018	53°	81°	0,9877	0,9884	0,9890	0,9897	0,9903	8°
37°	0,6018	0,6053	0,6088	0,6122	0,6157	52°	82°	0,9903	0,9909	0,9914	0,9920	0,9925	7°
38°	0,6157	0,6191	0,6225	0,6259	0,6293	51°	83°	0,9925	0,9931	0,9936	0,9941	0,9945	6°
39°	0,6293	0,6327	0,6361	0,6394	0,6428	50°	84°	0,9945	0,9950	0,9954	0,9958	0,9962	5°
40°	0,6428	0,6461	0,6494	0,6528	0,6561	49°	85°	0,9962	0,9966	0,9969	0,9973	0,9976	4°
41°	0,6561	0,6593	0,6626	0,6659	0,6691	48°	86°	0,9976	0,9979	0,9981	0,9984	0,9986	3°
42°	0,6691	0,6724	0,6756	0,6788	0,6820	47°	87°	0,9986	0,9988	0,9990	0,9992	0,9994	2°
43°	0,6820	0,6852	0,6884	0,6915	0,6947	46°	88°	0,9994	0,9995	0,9997	0,9998	0,99985	1°
44°	0,6947	0,6978	0,7009	0,7040	0,7071	45°	89°	0,99985	0,99991	0,99996	0,99999	1,0000	0°
	60′	45′	30′	15′	0′ ← Minuten	↑ Grad		60′	45′	30′	15′	0′ ← Minuten	↑ Grad
	Kosinus 45° … 90°							Kosinus 0° … 45°					

Winkelfunktionen Tangens und Kotangens

Grad ↓	Tangens 0° … 45° – Minuten → 0′	15′	30′	45′	60′	
0°	0,0000	0,0044	0,0087	0,0131	0,0175	89°
1°	0,0175	0,0218	0,0262	0,0306	0,0349	88°
2°	0,0349	0,0393	0,0437	0,0480	0,0524	87°
3°	0,0524	0,0568	0,0612	0,0655	0,0699	86°
4°	0,0699	0,0743	0,0787	0,0831	0,0875	85°
5°	0,0875	0,0919	0,0963	0,1007	0,1051	84°
6°	0,1051	0,1095	0,1139	0,1184	0,1228	83°
7°	0,1228	0,1272	0,1317	0,1361	0,1405	82°
8°	0,1405	0,1450	0,1495	0,1539	0,1584	81°
9°	0,1584	0,1629	0,1673	0,1718	0,1763	**80°**
10°	0,1763	0,1808	0,1853	0,1899	0,1944	79°
11°	0,1944	0,1989	0,2035	0,2080	0,2126	78°
12°	0,2126	0,2171	0,2217	0,2263	0,2309	77°
13°	0,2309	0,2355	0,2401	0,2447	0,2493	76°
14°	0,2493	0,2540	0,2586	0,2633	0,2679	75°
15°	0,2679	0,2726	0,2773	0,2820	0,2867	74°
16°	0,2867	0,2915	0,2962	0,3010	0,3057	73°
17°	0,3057	0,3105	0,3153	0,3201	0,3249	72°
18°	0,3249	0,3298	0,3346	0,3395	0,3443	71°
19°	0,3443	0,3492	0,3541	0,3590	0,3640	**70°**
20°	0,3640	0,3689	0,3739	0,3789	0,3839	69°
21°	0,3839	0,3889	0,3939	0,3990	0,4040	68°
22°	0,4040	0,4091	0,4142	0,4193	0,4245	67°
23°	0,4245	0,4296	0,4348	0,4400	0,4452	66°
24°	0,4452	0,4505	0,4557	0,4610	0,4663	65°
25°	0,4663	0,4716	0,4770	0,4823	0,4877	64°
26°	0,4877	0,4931	0,4986	0,5040	0,5095	63°
27°	0,5095	0,5150	0,5206	0,5261	0,5317	62°
28°	0,5317	0,5373	0,5430	0,5486	0,5543	61°
29°	0,5543	0,5600	0,5658	0,5715	0,5774	**60°**
30°	0,5774	0,5832	0,5890	0,5949	0,6009	59°
31°	0,6009	0,6068	0,6128	0,6188	0,6249	58°
32°	0,6249	0,6310	0,6371	0,6432	0,6494	57°
33°	0,6494	0,6556	0,6619	0,6682	0,6745	56°
34°	0,6745	0,6809	0,6873	0,6937	0,7002	55°
35°	0,7002	0,7067	0,7133	0,7199	0,7265	54°
36°	0,7265	0,7332	0,7400	0,7467	0,7536	53°
37°	0,7536	0,7604	0,7673	0,7743	0,7813	52°
38°	0,7813	0,7883	0,7954	0,8026	0,8098	51°
39°	0,8098	0,8170	0,8243	0,8317	0,8391	**50°**
40°	0,8391	0,8466	0,8541	0,8617	0,8693	49°
41°	0,8693	0,8770	0,8847	0,8925	0,9004	48°
42°	0,9004	0,9083	0,9163	0,9244	0,9325	47°
43°	0,9325	0,9407	0,9490	0,9573	0,9657	46°
44°	0,9657	0,9742	0,9827	0,9913	1,0000	45°
	60′	45′	30′	15′	0′	↑ Grad
	← Minuten – Kotangens 45° … 90°					

Grad ↓	Tangens 45° … 90° – Minuten → 0′	15′	30′	45′	60′	
45°	1,0000	1,0088	1,0176	1,0265	1,0355	44°
46°	1,0355	1,0446	1,0538	1,0630	1,0724	43°
47°	1,0724	1,0818	1,0913	1,1009	1,1106	42°
48°	1,1106	1,1204	1,1303	1,1403	1,1504	41°
49°	1,1504	1,1606	1,1708	1,1812	1,1918	**40°**
50°	1,1918	1,2024	1,2131	1,2239	1,2349	39°
51°	1,2349	1,2460	1,2572	1,2685	1,2799	38°
52°	1,2799	1,2915	1,3032	1,3151	1,3270	37°
53°	1,3270	1,3392	1,3514	1,3638	1,3764	36°
54°	1,3764	1,3891	1,4019	1,4150	1,4281	35°
55°	1,4281	1,4415	1,4550	1,4687	1,4826	34°
56°	1,4826	1,4966	1,5108	1,5253	1,5399	33°
57°	1,5399	1,5547	1,5697	1,5849	1,6003	32°
58°	1,6003	1,6160	1,6319	1,6479	1,6643	31°
59°	1,6643	1,6808	1,6977	1,7147	1,7321	**30°**
60°	1,7321	1,7496	1,7675	1,7856	1,8040	29°
61°	1,8040	1,8228	1,8418	1,8611	1,8807	28°
62°	1,8807	1,9007	1,9210	1,9416	1,9626	27°
63°	1,9626	1,9840	2,0057	2,0278	2,0503	26°
64°	2,0503	2,0732	2,0965	2,1203	2,1445	25°
65°	2,1445	2,1692	2,1943	2,2199	2,2460	24°
66°	2,2460	2,2727	2,2998	2,3276	2,3559	23°
67°	2,3559	2,3847	2,4142	2,4443	2,4751	22°
68°	2,4751	2,5065	2,5386	2,5715	2,6051	21°
69°	2,6051	2,6395	2,6746	2,7106	2,7475	**20°**
70°	2,7475	2,7852	2,8239	2,8636	2,9042	19°
71°	2,9042	2,9459	2,9887	3,0326	3,0777	18°
72°	3,0777	3,1240	3,1716	3,2205	3,2709	17°
73°	3,2709	3,3226	3,3759	3,4308	3,4874	16°
74°	3,4874	3,5457	3,6059	3,6680	3,7321	15°
75°	3,7321	3,7983	3,8667	3,9375	4,0108	14°
76°	4,0108	4,0876	4,1653	4,2468	4,3315	13°
77°	4,3315	4,4194	4,5107	4,6057	4,7046	12°
78°	4,7046	4,8077	4,9152	5,0273	5,1446	11°
79°	5,1446	5,2672	5,3955	5,5301	5,6713	**10°**
80°	5,6713	5,8197	5,9758	6,1402	6,3138	9°
81°	6,3138	6,4971	6,6912	6,8969	7,1154	8°
82°	7,1154	7,3479	7,5958	7,8606	8,1443	7°
83°	8,1443	8,4490	8,7769	9,1309	9,5144	6°
84°	9,5144	9,9310	10,3854	10,8829	11,4301	5°
85°	11,4301	12,0346	12,7062	13,4566	14,3007	4°
86°	14,3007	15,2571	16,3499	17,6106	19,0811	3°
87°	19,0811	20,8188	22,9038	25,4517	28,6363	2°
88°	28,6363	32,7303	38,1885	45,8294	57,2900	1°
89°	57,2900	76,3900	114,5887	229,1817	∞	**0°**
	60′	45′	30′	15′	0′	↑ Grad
	← Minuten – Kotangens 0° … 45°					